La innovación y sus protagonistas

Elena Castro Martínez
e Ignacio Fernández de Lucio

CSIC

CATARATA

Catálogo de publicaciones de la Administración General del Estado:
https://cpage.mpr.gob.es

Diseño gráfico de cubierta: Carlos Del Giudice

isbn (csic): 978-84-00-10699-7
isbn electrónico (csic): 978-84-00-10700-0
isbn (catarata): 978-84-1352-073-5
isbn electrónico (catarata): 978-84-1352-074-2
nipo: 833-20-166-7
nipo electrónico: 833-20-167-2
depósito legal: M-25.467-2020
thema: PDZ/PDG

Índice

Prólogo

He de confesar de entrada que sobre la innovación no tenía más que algún barrunto hasta que leí el anterior libro en 2013. Lo que demuestra, una vez más, que leer libros es, en general, bueno. Por supuesto, cuando esos libros sirven para que mejoremos en algún aspecto de nuestra vida sensible, social o productiva. Creo que ahora sé mucho más que antes al respecto. Y pienso que hasta es posible que sea capaz de asimilar su bien desarrollado contenido para vivir más feliz.

Como sujeto pasivo de este proceso, soy un claro deudor de la dedicación de otros para que mi actividad haya mejorado. Yo vivo de escribir. Y cuando ya llevaba varios años haciéndolo todavía tenía que meter en el rodillo de la máquina de escribir las hojas de carboncillo que daban lugar a las copias. Eso ya era un avance, pero como soy muy torpe, era frecuente que dejara el texto tan mal que tenía que comenzarlo de nuevo. El proceso ahora me parece muy fatigoso.

Tengo muchos colegas que aún afirman con seriedad que su creatividad mejora usando un lápiz afilado. Yo no puedo creerlo. La capacidad de corregir, cambiar y afinar un texto que da un buen procesador no hace otra cosa que apartarle a uno de los procesos mecánicos y dejarle dedicarse a crear un personaje o una situación sin trabas. La innovación para la creatividad se puede extender a muchos ámbitos, por ejemplo, el de la pintura: hasta el más exquisito y raro de los pintores prefiere que le llegue bien empaquetado el siena o la sanguina para luego él hacer la mezcla que le dé la gana. A mí me deja tiempo para consultar a Aristóteles y poder analizar la estructura de mis libros. Hay otra posibilidad, que a mí me faltó, que es la de que la madre de uno le lleve magdalenas a la cama y la estructura le traiga al pairo. Pero eso no es innovación.

Salvo en el terreno amoroso, donde todos sabemos que lo más importante es cometer los mismos errores que todos nuestros antecesores cometieron, los procesos de innovación son esenciales para la vida. Aunque también sabemos que eso depende de quién innove y con qué fines. Si es un financiero inglés de la City o un creativo inventor de acciones preferentes, lo mejor es recuperar una innovación de finales del XVIII, la guillotina, que servía para matar muy bien y de forma rápida.

Y agradezco de forma calurosa que en este libro se haya conseguido continuar con una tradición de resultados desiguales, pero muy positiva: que la divulgación científica sirva para que gente como yo pueda entender los procesos de la ciencia.

En los años que han trascurrido desde 2013, he aprendido cosas importantes que se recalcan en este libro, como por ejemplo, que la innovación es un proceso social y no individual, y que la educación pública es clave para que se produzca esa innovación y para que llegue a todos los sectores.

JORGE MARTÍNEZ REVERTE

Razones para escribir este libro

En 2013 se publicó en esta misma colección *El significado de innovar*, que escribimos para tratar de contribuir a un mejor conocimiento de nuestro apasionante ámbito de investigación, pues habíamos detectado que, a pesar de que la innovación es un término muy usado, incluso manido, su alcance y dimensiones no eran bien comprendidos.

Desde entonces, los estudios sobre la innovación han continuado progresando, han surgido nuevas aproximaciones y se ha profundizado en el conocimiento de sus diversas dimensiones y procesos. También han continuado implantándose nuevas políticas para fomentar la innovación en los territorios, a todos los niveles y en todo tipo de ámbitos sociales, porque los poderes públicos saben que, en este mundo globalizado, la supervivencia de las empresas y el desarrollo de muchas actividades sociales pasan por la capacidad para desarrollar productos y procesos nuevos o mejorados, eso sí, tratando de que tales innovaciones contribuyan a los objetivos sociales que van a permitir un futuro más sostenible y equitativo.

Y aquí está el resultado de ese reto, que supone una revisión y actualización del mencionado libro, al que se han incorporado los nuevos conocimientos y tendencias sobre la innovación. Hemos añadido, además, las sugerencias y la información que nos han facilitado los compañeros y colegas que han leído el libro anterior y a los cuales agradecemos su apoyo. Nos ha animado a escribirlo la esperanza de aportar nuestro granito de arena para la mejor comprensión social de este ámbito de la investigación.

Se lo dedicamos a nuestros queridos hijos, que han "padecido" nuestras conversaciones y discusiones científicas a lo largo de los años; finalmente, creemos haber suscitado su interés por la innovación, pues en su actividad profesional participan activamente en procesos de este tipo. Esperamos que ahora comprendan por qué le hemos dedicado tanto tiempo, interés y entusiasmo a su estudio.

CAPÍTULO 1

Evolución del significado de la innovación

Acabamos de hacer una prueba[1]: hemos escrito en el buscador de Google el término "innovación" y han salido aproximadamente 123.000.000 resultados (0,50 segundos) —copia literal de lo que informa la página— y 835.000.000 resultados (0,55 segundos) si se introduce el término en inglés. Para poner el experimento en contexto, al escribir "biotecnología" han aparecido aproximadamente 12.000.000 resultados (0,72 segundos) y, al escribir "COVID-19", 6.800.000.000 resultados (0,87 segundos). Parece que sí, que "innovación" es una palabra que figura en muchas páginas web, se menciona en las noticias, forma parte de las políticas públicas y de las estrategias de las empresas, las instituciones y otras entidades públicas y privadas, y se discute en la literatura científica y técnica desde diversos ámbitos del saber (economía, gestión, sociología, humanidades, artes, educación…); sin duda, ya forma parte de nuestro vocabulario y se percibe como algo positivo, porque figura en la denominación de unidades de las administraciones, del cargo de profesionales de las empresas, aparece en el título de libros, jornadas, congresos…

Pero eso no siempre ha sido así, durante unos 2.500 años la innovación fue un concepto con connotaciones negativas.

1. Consultado el 14 de agosto de 2020.

Según el investigador canadiense Benoît Godin, que lleva a cabo un interesante proyecto sobre la historia intelectual de la innovación, el término procede de la palabra griega καινοτομία, que significaba "hacer nuevos esquejes" y que Jenofonte utilizó, con el significado de abrir una mina, en su escrito "Recursos". El término fue utilizado por Platón, Aristóteles y otros pensadores griegos, en cuyos escritos sobre política pasó a significar "introducir un cambio en el orden establecido", es decir, incorporar nuevas cosas que cambian las costumbres y el orden de las cosas de forma extraordinaria, por lo que, según ellos, la innovación era maligna.

También los escritores romanos adoptaron el mismo criterio. Filósofos como Séneca y Lucrecio, poetas como Horacio y Virgilio, moralistas como Séneca, Cicerón y Tácito e historiadores como Salustio consideraron la innovación como sinónimo del mal y lo prohibido: "Que no se establezca la innovación contraria a los precedentes" (*ne quid novi fiat contra exempla atque instituto moiorum*), afirmó Cicerón en su obra *De Imperio Cn. Pompei.* Por su parte, nuestro compañero Javier López Facal nos ha proporcionado esta frase del historiador Tácito, quien, para resumir en pocas palabras la catadura moral de un sujeto al que no apreciaba, habló de su *rerum novarum cupido*, "su deseo de novedades, o innovaciones". Cierto que todo esto procede del ámbito de la moral, pero de ahí saltó a la religión asumiendo el mismo sentido y afectó a los primeros atisbos de lo que hoy llamamos ciencia. Nuevamente, López Facal nos ha proporcionado la referencia a la condena a la cárcel de Roger Bacon (1214-1294) *propter quasdam novitates suspectas*, "a causa de algunas sospechosas novedades", que los franciscanos y dominicos detectaron en los estudios de filosofía natural (que hoy denominamos física y química).

El sentido peyorativo de la innovación duró siglos, en parte por la gran influencia que los citados pensadores griegos y romanos han tenido en el pensamiento político occidental, pero también porque asumió el mismo sentido en la religión. Por ejemplo, en 1548, Eduardo VI, rey de Inglaterra, emitió una declaración contra los que innovan ("Against Those That Doeth Innouate"). En los siglos XVII y XVIII, todos los acusados de innovar negaban hacerlo y, cuando el término se utilizaba en el curso de cualquier conversación, era para apoyar un argumento en contra del cambio, recordando que la innovación había llevado al desastre a tal o cual país, o para señalar, desde la moral, el carácter maligno de un innovador o los efectos indeseados de la innovación.

Puesto que la innovación fue, durante tanto tiempo, un concepto profundamente negativo, la palabra no fue utilizada durante siglos, salvo por los críticos del sistema o por los que negaban serlo. En el contexto político, como consecuencia de las revoluciones inglesa (1649) y francesa (1789), el término se identificó con la revolución y los revolucionarios, adquiriendo, además, otra pesada carga: toda innovación es necesariamente repentina y violenta.

Puede parecer que durante todo este tiempo lo nuevo fuera mal valorado, pero ese no era el caso, sobre todo a partir del Renacimiento, se apreciaba lo nuevo, lo curioso y lo extraño en muy diversos ámbitos (cultura, arte, herramientas...), pero no utilizando la palabra "innovación", sino otras, como "novedad", "reforma" o "renovación", que implican una mejora de las cosas imperfectas, pero poco a poco, lentamente. Lo que provocaba rechazo hacia el término "innovación" era precisamente el carácter súbito y violento asociado a este, porque en el concepto de innovación subyace, desde el principio, la idea de un cambio completo y repentino del estado actual de las cosas.

Dada la importancia del contexto cultural en el uso de las palabras, es interesante analizar la presencia de este término en la lengua española. Gracias a la ayuda de nuestras compañeras Mª Luz López Terrada (historiadora de la ciencia) y Esther Hernández Hernández (lingüista), hemos podido indagar ejemplos de uso del término en el Corpus Diacrónico del Español (CORDE) de la Real Academia Española. Las primeras referencias a esa palabra que hemos encontrado son de 1439 y mantienen el sentido negativo ("[...] non se faga innovacion alguna de fecho nin de derecho por mí, [...]" (Conde de Haro, *El Seguro de Tordesillas*, 1439), eso sí, en el ámbito del derecho. En 1687 aparece nuevamente la innovación, esta vez en el contexto religioso:

> [...] Y mandamos que ninguna persona sea osada á romper ó temerariamente venir contra esta bula y carta de nuestra excomunion, anatema, entredicho, innovacion, innodacion, comision, mandato y voluntad: y si alguno intentare hacer lo susodicho, incurra y caiga en la maldicion é indignacion de Dios Todopoderoso y de sus bienaventurados Apóstoles San Pedro y San Paulo. Dada en San Pedro de Roma [...] (Constituciones sinodales de Venezuela hechas por don Diego de Baños y Sotomayor, 1439).

El CORDE nos ofrece un ejemplo que muestra que, más de un siglo después, tampoco en el ámbito de la farmacopea variaba el sentido peyorativo:

> [...] que los Autores de las dos primeras ediciones de la Farmacopéa de España precedieron en su proscripcion con el tino y madurez necesaria, y últimamente, que el deseo de servir á la humanidad, y no el demasiado espiritu de reforma y de innovacion, fué el que dirigió sus buenas ideas, como equivocadamente han juzgado algunos preocupados é ignorantes, demasiado adictos al luxo vano de la polifarmacia y serviles veneradores de la credulidad indiscreta de los Antiguos [...] (Josef María de la Paz Rodríguez, *Explicación de la farmacopea de España*, 1807).

Finalmente, en el ámbito artístico parece que tampoco tenía buena prensa:

> Gran dificultad ofrecen las artes, si ha de sobresalir en ellas el que las cultiva; pero atreverse á prescindir de la opinion y de la costumbre, luchar intrépido contra la tenacidad de la ignorancia, hallar nuevos caminos para conseguir el acierto, fijar el gusto, y demostrar con obras dignas de aplauso la utilidad de la innovacion, es fatiga reservada solo á aquellos talentos estraordinarios que produce la naturaleza no muchas veces [...] (Leandro Fernández de Moratín, *Vida de don Nicolás Fernández de Moratín*, 1821).

Los avances técnicos que tuvieron lugar a mediados del siglo XVIII durante la Primera Revolución Industrial fueron denominados "inventos" o, en su caso, "máquinas", pero el término "innovación" continuaba ausente y esta situación se mantendrá hasta mediados del siglo XIX. A partir de entonces, poco a poco, la palabra comenzó a adquirir nuevos significados, tornándose positiva cuando se vinculaba a la "novedad" de las cosas y de los procesos, no a los cambios políticos, legales o sociales. Eso tuvo lugar en el contexto científico y tecnológico del periodo comprendido entre finales del siglo XIX y principios del XX. Los científicos pretendían poner énfasis en el profundamente nuevo (revolucionario) carácter de la actividad científica y de sus frutos, los descubrimientos científicos y las invenciones: la obtención de algo absolutamente nuevo, único y que nunca se había hecho antes. Se necesitaba un término que expresara la experiencia (uso o aplicación) de la novedad, para diferenciar las invenciones que no llegaban a ser utilizadas de las que sí; y se comenzó a utilizar el término "innovación" para vincular las novedades científicas o tecnológicas con la idea de "introducir" una cosa "útil" en el mundo. El CORDE nos ofrece de nuevo un ejemplo en español de este cambio de significado en el ámbito de la tecnología militar:

> [...] El rayado y precision de las armas de fuego portátiles, colocó á la Infantería en una posicion ventajosa, fuera del alcance regular de los cañones de campaña. La innovación introducida en estos aplicando el mismo sistema, despues de repetidas tentativas y minuciosos ensayos, les devuelve su puesto de preferencia, y hace variar por completo las medianas condiciones de las pequeñas piezas de montaña (Cándido Barrios, *Nociones de Artillería*, I, 1870).

En la esfera de la economía, el término aparece, por primera vez y con un sentido positivo en los trabajos del economista austriaco Joseph Alois Schumpeter. Huyendo del nazismo, Schumpeter emigró a EE UU en los años treinta y fue profesor de Economía en la Universidad de Harvard. Al estudiar los ciclos económicos, describió un paradigma socioeconómico en el que la innovación es el motor interno del desarrollo económico. Preocupado por comprender el papel de las crisis económicas, y especialmente la Gran Depresión de 1873, Schumpeter llegó a la conclusión de que la economía se construye sobre ciclos de producción y demanda que se perpetúan; cada ciclo indica cuál va a ser el desarrollo del posterior, pero en ocasiones se producen "turbulencias" que alteran los ciclos y entonces se generan mayores tasas de beneficio y aumenta el crecimiento. Argumentaba que "la economía capitalista no es ni puede ser estacionaria. Tampoco se expande conforme a un ritmo uniforme. Está incesantemente revolucionada desde dentro por un nuevo espíritu de empresa, es decir, por la introducción de nuevas mercancías o nuevos métodos de producción o nuevas posibilidades comerciales en la estructura industrial".

Schumpeter explicó que los ciclos de producción son el resultado de:

> [...] la combinación de fuerzas productivas, y los resultados de estas combinaciones son, sin duda, las nuevas mercancías [...] que pueden estar compuestas por elementos tanto materiales como inmateriales. [...] Estos nuevos productos y estos métodos nuevos compiten con los productos y con los métodos antiguos, no en términos de igualdad, sino con una ventaja decisiva, que puede significar la muerte de los últimos. Así es como penetra el progreso en la sociedad capitalista.

En esos momentos tiene lugar "un proceso de mutación industrial [...] que revoluciona incesantemente la estructura económica desde dentro, destruyendo ininterrumpidamente lo antiguo y creando continuamente elementos nuevos. Este *proceso de destrucción creadora* constituye la esencia del capitalismo" y los protagonistas de este proceso son los que el autor llama "emprendedores innovadores", es decir, los que "crean innovaciones técnicas y financieras en un medio competitivo en el que deben asumir continuos riesgos y beneficios que no siempre se mantienen".

Según Schumpeter, estas ideas modificaron sustancialmente la forma de entender la competencia: "La innovación que cuenta es la que lleva consigo la aparición de artículos nuevos, de una técnica nueva, de fuentes de abastecimiento nuevas [...] esto ataca no ya solo los márgenes de beneficios y de producción de empresas existentes, sino sus cimientos y su misma existencia". El propio autor declaraba que "los economistas comienzan por fin a salir de la etapa en la que no veían otra cosa que la competencia de los precios". La innovación en sí misma no garantiza una ventaja competitiva pura, pues "las innovaciones que aparecen dentro de un ciclo económico no consiguen, por regla general, despertar el interés de los consumidores de forma espontánea [...]. El productor que inicia los procesos de transformación económica se ve obligado a educar a los consumidores, les enseña a querer nuevas mercancías, cosas que difieren de las que ya están habituados a utilizar". Con sus trabajos, este economista sentó las bases para comprender los efectos de la innovación como herramienta clave para el desarrollo de las empresas y de los sistemas económicos en los que estas operan.

Los estudios de Schumpeter quedaron algo relegados hasta que, a partir de los años sesenta del siglo XX, en EE UU, conscientes de que el poder internacional del país se basaba, en gran medida, en su supremacía tecnológica y que era preciso conocer bien los factores que fundamentaban esa superioridad, los economistas comenzaron a desarrollar estudios al respecto y a profundizar en el conocimiento de los procesos que llevaban la tecnología al mercado, pues la capacidad para producir "inventos" no era condición suficiente para que estos llegaran al mercado y produjeran ventajas competitivas. Se rescataron los trabajos de Schumpeter, y surgió una nueva corriente de pensamiento económico, "la corriente neoschumpeteriana", que se ocupa "de los procesos dinámicos que provocan transformaciones cualitativas de las economías como consecuencia de la introducción de innovaciones en sus diversas formas y de los procesos evolutivos". Poco a poco el concepto fue adquiriendo una connotación positiva fuera de EE UU, en gran medida por influencia de la Organización para la Cooperación y el Desarrollo Económicos (OCDE), que favoreció el estudio de la innovación y sus procesos e impulsó el desarrollo de políticas para su fomento en sus países miembros. Inicialmente, este tipo de políticas fueron emprendidas en los países desarrollados, como políticas nacionales, pero posteriormente se han ido aplicando en contextos regionales y locales, y también en países en vías de desarrollo, sobre todo a la vista del éxito de los entonces llamados "tigres asiáticos" (Singapur, Hong Kong, Taiwán y Corea), cuyo vertiginoso crecimiento se basó, entre otros aspectos, en su decidida apuesta por los avances tecnológicos y la innovación.

La Unión Europea (entonces Comunidad Económica Europea, CEE) también se incorpora al debate a finales de los setenta del pasado siglo. Los cambios conceptuales afectan, incluso, a su estructura: la Dirección General XIII, que hasta 1980 se llamaba "D. G. para la información científica y técnica y la gestión de la información", luego pasó a denominarse "D. G. para el mercado de la información y la innovación", y actualmente se llama D. G. de Investigación e Innovación, depende de la Comisaria de Innovación, Investigación, Cultura, Educación y Juventud y, además de liderar una de las políticas con mayor presupuesto de la UE, desarrolla una intensa labor de coordinación de estudios y análisis de muy diversa naturaleza para comprender la innovación y los aspectos sociales, económicos, legales o de cualquier otra índole que pueden suponer una barrera para que las empresas puedan innovar.

Tal es la relevancia que la OCDE y la Comisión Europea otorgan al papel de la innovación en el crecimiento económico y en la competitividad de los países que, en 1990, la OCDE y Eurostat (la Oficina Europea de Estadística) inician una colaboración para definir conjuntamente metodologías orientadas a medir la innovación de forma estandarizada, porque difícilmente se va a poder actuar sobre los procesos de innovación si estos no se conocen en profundidad. En la introducción del documento conjunto se declara:

En la actualidad se acepta que el desarrollo y la difusión de las nuevas tecnologías son fundamentales para el crecimiento de la producción y la productividad. Sin embargo, nuestra comprensión del proceso de innovación y de su impacto económico sigue siendo deficiente. Por ejemplo, es evidente que estamos experimentando una revolución tecnológica importante, con la economía mundial en proceso de reforma por las nuevas tecnologías de la información y por los cambios en campos como la biotecnología y las ciencias de los materiales. Sin embargo, estos cambios tecnológicos radicales no se reflejan en mejoras de la productividad total de los factores de producción ni en las tasas de crecimiento de los resultados. [...] Nos enfrentamos a serias dificultades, especialmente debido a la ausencia de datos fiables y sistemáticos. El éxito en el análisis de la innovación y para hacer frente a los problemas de política que plantea dependerá en parte de la capacidad de mejorar la información disponible [...].

En la UE[2], la innovación como objetivo político se incorpora con fuerza en la Estrategia de Lisboa, que se puso en marcha en marzo de 2000 para convertir a la UE "en la economía más dinámica y más competitiva del mundo de aquí a 2010". En los documentos relativos a la innovación, dentro de la estrategia de Lisboa, se reconoce que la UE tiene que recuperar su retraso respecto a sus principales rivales, ayudar a los nuevos Estados miembros a cubrir sus lagunas, desarrollar los conocimientos necesarios y sacar partido de su situación económica y social. La Estrategia de Lisboa Renovada, de marzo de 2005, orienta la política económica hacia el conocimiento y la innovación; en concreto, el Consejo de 2006 identifica cuatro ámbitos de actuación prioritaria, el primero de los cuales es "mayor inversión en conocimiento e innovación, incluyendo mecanismos de financiación, como elemento central para asegurar el crecimiento a largo plazo de la UE"[3].

2. Ese es su nombre desde la entrada en vigor del Tratado de la Unión Europea (TUE), el 1 de noviembre de 1993.
3. Si se introduce la palabra "innovación" en el buscador de la Comisión Europea (http://ec.europa.eu/index_en.htm), aparecen 286.496 documentos, prácticamente en todas las áreas.

En las últimas décadas del siglo XX, la innovación ha irrumpido con fuerza en los estudios económicos de todos los países desarrollados y, de su mano, ha saltado a la política: tanto las organizaciones internacionales como los países proponen impulsar la innovación en el marco de sus políticas económicas e industriales, tratando de eliminar o reducir las barreras que se han identificado en los estudios llevados a tal efecto.

La innovación, convertida así en objetivo de las políticas económicas de los países y las regiones del mundo, necesita ser conocida y comprendida; por ello, a partir de mediados del siglo XX, sobre todo desde los años ochenta, científicos de diversas áreas del conocimiento han venido trabajando sobre este concepto desde sus respectivas disciplinas o en contextos multidisciplinares, tratando de comprender mejor los distintos tipos de innovaciones, los procesos que dan lugar a su logro, las características de las personas y de las organizaciones que innovan, las condiciones del entorno social y económico que les afectan, y cómo ellas afectan a la sociedad. Estos estudios han sido en muchas —y críticas— ocasiones auspiciados por la OCDE, la UE y otras entidades nacionales o internacionales que, para orientar mejor sus políticas, han demandado estos conocimientos. Para ofrecer una muestra del interés que la innovación despierta entre los investigadores, pueden analizarse los resultados obtenidos por dos investigadores europeos (Jan Fagerberg y Bart Verspagen) cuando trataban de conocer este emergente campo de estudio. Para ello, en julio de 2007 realizaron una búsqueda por internet que les permitió identificar en el mundo 136 institutos, departamentos o unidades dedicadas a la investigación sobre innovación, más del 80% de ellas en universidades. En el marco de ese estudio, los investigadores realizaron una encuesta a cerca de 900 investigadores que habían declarado dedicarse a los estudios sobre la innovación; más del 58% de ellos desde la economía, pero también desde la ingeniería (9%), la geografía (8%), la gestión (6%) y la sociología (5%); el 4% restante pertenecía a otras disciplinas (política, psicología, estudios sobre la ciencia, historia, filosofía o a enfoques multidisciplinares); los investigadores europeos (71%) y norteamericanos (17%) dominaban en la muestra. En opinión de los encuestados, los tres investigadores más influyentes han sido, por este orden, los economistas Joseph Schumpeter (austriaco), Richard R. Nelson (americano) y Chris Freeman (británico), y, tras ellos, Bengt-Åke Lundvall (sueco), Nathan Rosenberg (americano), Keith Pavitt (británico), Giovanni Dosi (italiano), Karl Marx[4] (alemán) y Zvi Griliches (lituano), por citar los más destacados del estudio.

La influencia de la innovación en el crecimiento económico y las apuestas políticas emprendidas por los Gobiernos para apoyar su fortalecimiento han dado lugar a que el término "innovación" no solo haya adquirido un sentido positivo en nuestro vocabulario, revirtiéndose completamente su significado histórico, sino que ha pasado, incluso, a convertirse en una especie de remedio que todo lo cura, el bálsamo de fierabrás contemporáneo: las empresas de todos los sectores deben ser innovadoras, pero además parece que es imperativo innovar en la educación, ofrecer servicios públicos innovadores, promulgar leyes innovadoras, desarrollar políticas innovadoras o ser una ciudad innovadora; todos esos son nuevos ámbitos en los que es preciso identificar y caracterizar la innovación, como es importante conocer —y medir— los efectos de esta y también, claro está, estudiar otras consecuencias de la innovación, tanto las accidentales como las indeseables.

En resumen, los estudios sobre innovación constituyen un campo de interés para un número importante, y creciente, de investigadores de muy diversos ámbitos de las ciencias humanas y sociales, algunos de los cuales irán apareciendo en los demás capítulos de este libro, que han ido conformando lo que hoy sabemos sobre la innovación y sus efectos.

4. El que en la lista aparezca, en octavo lugar, Karl Marx puede parecer sorprendente, pero es preciso tener en cuenta que, además de ser un autor clásico de la ciencia social, las aportaciones teóricas de Marx sobre el papel de la ciencia y la tecnología en el crecimiento económico son reconocidas por muchos investigadores como muy relevantes para los trabajos ulteriores en esta área.

CAPÍTULO 2

Qué se entiende por innovación

Innovación, en el lenguaje común, es sinónimo de cambio. El *Diccionario de la Real Academia Española* de 2019 define *innovar* como "Mudar o alterar algo, introduciendo novedades", definición que no difiere demasiado de la del *Diccionario de autoridades* de 1734: "Hacer novedad en las cosas o mudarlas fácilmente". Respecto a la voz *innovación*, a la acepción "acción y efecto de innovar" —como sucede en otras palabras derivadas de un verbo de acción— se ha unido una nueva acepción: "Creación o modificación de un producto, y su introducción en un mercado", que, como se verá, se ajusta al nuevo sentido que hoy tiene la palabra desde que el concepto ha ido cobrando interés en los diversos medios académicos y políticos; si los académicos revisan su evolución, van a tener que cambiar la "introducción en el mercado" por otro término que refleje los nuevos ámbitos de la innovación que veremos más adelante.

En el ámbito académico, la primera definición que se debe conocer es la del "padre" del nuevo sentido adquirido por este concepto en la esfera económica. En el primer libro en que habla de este concepto, Schumpeter ya especifica que no hay una única innovación posible, sino que las nuevas combinaciones de las fuerzas productivas "pueden adoptar hasta cinco formas diferentes: 1) la introducción de una nueva mercancía; 2) la introducción de un nuevo método de producción; 3) la apertura de un nuevo mercado; 4) la conquista de una nueva fuente de materia prima; 5) la ejecución de una nueva forma de organización industrial". Como se puede ver, Schumpeter habla siempre de "productos" y de "industria", debido a que, en aquellos momentos, se estaba produciendo la Segunda Revolución Industrial y los cambios más vertiginosos tenían lugar en la industria.

A partir de los años ochenta del pasado siglo, cuando resurgió con fuerza la palabra en los medios académicos y políticos, han sido muchos los estudiosos que, desde enfoques diversos, han tratado de definir y acotar lo que significa la innovación: "Innovación es el conjunto de actividades, inscritas en un determinado periodo de tiempo y lugar, que conducen a la introducción con éxito en el mercado, por primera vez, de una idea en forma de nuevos o mejores productos, servicios o técnicas de gestión y organización" (Julián Pavón y Richard Goodman, 1981).

La UE, en su Libro Verde de la Innovación (1995), también ofreció su propia definición: "La innovación consiste en la producción, la asimilación y la gestión con éxito de la novedad en los ámbitos económico y social. Ofrece nuevas soluciones a los problemas y, por lo tanto, permite satisfacer las necesidades del individuo y de la sociedad".

Estas definiciones tienen varias cosas en común. En primer lugar, la innovación es mucho más que nuevos productos o servicios, es el resultado de una serie de actividades que requieren más tiempo e implican más riesgo que otras actividades productivas. Por otro lado, se hace hincapié en los procesos y sus actividades porque es sobre lo que es posible actuar; sobre los resultados ya no cabe hacer demasiadas cosas. Más adelante describiremos en detalle de qué actividades se trata.

En segundo lugar, todas las definiciones coinciden en exigir que, para poder ser consideradas innovaciones, las ideas o invenciones de partida tienen que ser introducidas "con éxito" en el mercado o haber sido puestas a disposición de sus usuarios potenciales o utilizadas en los procesos internos. Con ello, se reafirma la vieja idea de Schumpeter de que la innovación es diferente de la invención. Quienes trabajan en el ámbito de las patentes saben que anualmente se presenta un gran número de solicitudes de patentes en las diversas oficinas nacionales, pero solo se explota una pequeña parte de ellas. Para que una invención o una idea puedan ser consideradas innovaciones tienen que ser aplicadas en un proceso productivo o su resultado ha de llegar al mercado o a la sociedad; todos los empresarios innovadores saben que muchas de las ideas que se conciben no llegan nunca a ser aplicadas, porque no superan alguna de las diversas etapas del proceso que se describirán más adelante; son los fracasos inherentes al proceso de innovación y es precisamente ese riesgo extraordinario que asume el innovador —junto con el progreso económico que sus éxitos producen—, lo que justifica, en gran medida, el apoyo de los poderes públicos a este tipo de empresarios.

Finalmente, el requisito mínimo para que una innovación sea considerada como tal es que el producto o proceso empresarial sea nuevo (o significativamente mejorado) *para la empresa* que lo pone en práctica. Esto significa que una empresa se puede considerar a sí misma innovadora en el momento en que, como fruto de su esfuerzo o de la adquisición de conocimiento o equipos, logra implantar un nuevo proceso o vender en el mercado un nuevo producto, aunque todo el sector ya produzca y venda el mismo producto que ella acaba de lanzar o utilizar, por poner un caso extremo. Es evidente que la empresa capaz de producir y vender innovaciones que son completamente nuevas en el mercado en el que opera es más innovadora que la anterior, pero ambas se pueden aplicar el adjetivo.

También es interesante señalar que las definiciones incorporan los servicios a partir de los años ochenta del pasado siglo, justo cuando las nuevas tecnologías de la información comenzaron a mostrar su potencial de aplicación a muy diversos sectores y contextos, dando lugar a innovaciones muy importantes, especialmente en los servicios, y, a la vez, cuando se aprecia el progresivo aumento de la proporción de los servicios en el conjunto de las economías de los países desarrollados.

En todo caso, inicialmente los estudios sobre la innovación se concentraron en la innovación tecnológica debido, entre otras razones, a que las dos guerras mundiales y la Guerra Fría posterior a la segunda movilizaron muchos recursos hacia el avance tecnológico. Este enfoque se consideró posteriormente una visión muy restrictiva de la innovación, al ignorar las innovaciones de organización y comercialización o las de tipo social, y porque se refiere solo a las empresas, olvidando a otros agentes sociales. En esa visión, que se centra exclusivamente en el componente tecnológico, el foco se pone en las actividades de investigación y exploración, mientras que, si se opta por una concepción más amplia, además se tienen en cuenta los procesos de aprendizaje, fundamentales en las etapas de producción. Además, el foco en la tecnología pierde de vista el componente sociocultural de la innovación, en ocasiones más importante que el tecnológico, pues, para que una innovación importante consiga penetrar en el mercado, se necesitan cambios profundos no solo en las empresas, sino también en el resto de las organizaciones y en la sociedad en su conjunto, y no siempre las personas afectadas están dispuestas a aceptarlos.

Un ejemplo muy claro de la importancia de los aspectos culturales y sociales es el caso del *tupperware*. Un químico americano, Earl Silas Tupper, que había trabajado en la empresa química DuPont Chemical Company, donde investigaba las propiedades de los polímeros, patentó los primeros recipientes de plástico para conservar alimentos y, en 1938, creó la Tupperware Plastics Company. Su invento coincidió con la aparición de los frigoríficos, y presentaba dos ventajas frente a los recipientes disponibles: el cierre hermético, basado en la tapadera de un bote de pintura invertida, y su menor peso, características ideales tanto para no sobrecargar el frigorífico como para transportar los alimentos. Pero realmente su éxito comenzó cuando contrató como vendedora a Brownie Wise —que había trabajado para la firma Stanley Home

Products (Stanhome), por lo que tenía experiencia en la venta de productos en los hogares— y la nombró responsable comercial en su empresa, pues ella desarrolló un ambicioso plan de *marketing* con el que sacó los productos de las tiendas y creó un sistema de comercialización mediante redes sociales, con distribuidores y planes de venta por demostración. Desplegó una enorme habilidad para reclutar y organizar a miles de mujeres americanas, que habían trabajado duro durante la guerra, pero cuya principal ocupación, cuando los hombres regresaron del frente, era el cuidado de sus familias; esta actividad les proporcionaba unos ingresos adicionales que eran muy bienvenidos, todo ello aderezado con una serie de incentivos muy atractivos para este verdadero ejército de vendedoras a domicilio. Sin lugar a dudas, los productos eran —y continúan siendo— de gran calidad, pero fue el método de comercialización, y la forma en que consiguió involucrar en él a las mujeres, lo que facilitó el éxito del producto.

Otra definición, con un enfoque muy diferente, es la de Peter Ferdinand Drucker, autor austriaco de libros de administración y gestión de empresas, que introdujo el concepto de innovación como conducta, ligado a la cultura y a la actitud del sujeto, y la define como "el uso sistemático, como oportunidad, de los cambios en la sociedad, en la economía, en la demografía y en la tecnología". Esta se aleja un poco de las anteriores, pero añade aspectos relevantes en el estudio de la innovación: las personas y las organizaciones, que van a ayudar a identificar nuevos ámbitos sobre los que es posible actuar, como se verá más adelante.

En la misma línea, Benoît Godin sugiere una visión de la innovación más abierta a los diversos tipos de organizaciones innovadoras, así como a las diferentes formas de innovación, y lo expresa así: "Innovación es la modificación de las formas de hacer (o la aparición de nuevas formas de hacer) gracias a la invención o a la adopción de nuevos bienes, servicios o nuevas prácticas".

Esta definición posee varias ventajas sobre las anteriores. En primer lugar, no escoge entre una aproximación sujeto (centrada en las actividades) y una aproximación objeto (centrada en los productos), sino que sugiere considerar a la vez actividades y resultados; en segundo lugar, contempla dos maneras de innovar: la invención o la adopción; y, en tercer lugar, considera, junto con la innovación de bienes, otras formas, como la de servicios (de empresas o de instituciones no mercantiles) y la de prácticas (gestión, procedimientos y métodos).

Finalmente, nuestro colega Javier Echeverría, que analiza la innovación desde la filosofía, ha propuesto la siguiente definición en una obra reciente: "Las innovaciones son procesos interactivos que generan algo nuevo, transformador y valioso en entornos y sistemas determinados. Las novaciones son aquello que resulta de dichas innovaciones, incluidas sus consecuencias ulteriores". El autor propone llamar "novaciones" a los resultados para evitar uno de los problemas aquí detectados (que la innovación sea tanto el proceso como su resultado).

Una gran parte del esfuerzo dedicado a definir la innovación y a saber cómo y en qué condiciones se produce se ha llevado a cabo en el entorno de las unidades o servicios de estadística de los países, también de la UE, y de organizaciones internacionales como la OCDE. Como ya se ha explicado antes, para poder actuar sobre un fenómeno es preciso conocerlo bien y para que los países puedan comparar sus políticas y los resultados que obtienen como consecuencia de ellas —para poder averiguar su pertinencia y para aprender unos de otros— es importante que todos utilicen la misma definición del fenómeno de que se trate y que, posteriormente, lo midan de la misma forma, es decir, es preciso ponerse de acuerdo en las definiciones, en los criterios que se utilizan para aceptar qué cosas responden o no al fenómeno que se observa —en nuestro caso, la innovación— y en el método que se emplea para analizar o medir sus diversos aspectos.

En el ámbito que nos ocupa, la OCDE puso en marcha en 1988 un programa denominado "Tecnología y economía", cuyos resultados se publicaron en 1992 y fueron ampliamente difundidos mediante conferencias internacionales, en las cuales se trataron, de forma monográfica, los aspectos más importantes; a estas conferencias eran invitados los responsables de ciencia y tecnología de los países de la OCDE y los investigadores que habían contribuido a su elaboración, con el objetivo de difundir ampliamente los resultados del proyecto entre quienes tenían la responsabilidad de diseñar estas políticas. En este programa se puso de manifiesto que los indicadores de las actividades de investigación y desarrollo tecnológico que se habían desarrollado en el marco de la OCDE eran insuficientes para ofrecer información sobre los procesos de innovación tecnológica y, por ello, la misma organización, en colaboración con Eurostat, impulsó una iniciativa para la identificación de indicadores de innovación. Como resultado, en 1991 tuvo lugar en Oslo el primer acuerdo de profesionales del Grupo de Trabajo de Expertos Nacionales en Ciencia y Tecnología de la OCDE sobre cómo conceptualizar y medir la innovación empresarial, que dio lugar al documento *Directrices para la recogida e interpretación de datos sobre innovación*, llamado *Manual de Oslo*, cuya primera edición se publicó en 1992. Este primer documento se centraba en el sector industrial y en las innovaciones tecnológicas (de producto y de proceso); la segunda edición se publicó en 1997 y amplió su aplicación al sector servicios. La tercera edición, de 2005, proponía una nueva definición en la que ya se contemplan las innovaciones de comercialización y organización, definidas por Schumpeter, pero apenas enunciadas en la versión anterior, y ponía énfasis en la importancia que tienen las relaciones de la empresa con otras empresas y entidades en el proceso de innovación, y en la innovación en el sector de los servicios. La versión más reciente del *Manual de Oslo* (2018) presenta muchas novedades respecto a las anteriores, en gran medida debidas a los avances científicos sobre la materia, y una de ellas es la definición del término: "Una innovación es un producto o proceso nuevo o mejorado (o una combinación de ambos) que difiere significativamente de los productos o procesos anteriores de la unidad y que se ha puesto a disposición de los posibles usuarios (producto) o se ha puesto en uso por la unidad (proceso)". En esta definición se utiliza el término genérico "unidad" para describir al agente responsable de las innovaciones; se refiere a cualquier unidad institucional de cualquier sector (público o privado), incluidos las administraciones, las instituciones sin fines de lucro, los hogares y los individuos (empleados, profesionales, autónomos). Cuando la unidad ha sido recién creada, la novedad se mide respecto al mercado o entorno social en el que opera.

Vemos, pues, que innovación es un concepto polisémico y poliédrico: es, a la vez, un proceso y su resultado; más que su componente tecnológico, se debe resaltar el sociocultural; se innova de muchas maneras, no solo con la tecnología y no solo desde la invención, sino también desde la adopción por primera vez de conocimientos o prácticas; se innova en muy diversos ámbitos, aunque inicialmente el foco de atención estuvo casi totalmente centrado en las empresas industriales; y se estudia desde diversas disciplinas, aunque comenzaran a hacerlo los economistas.

CAPÍTULO 3

Un recorrido por las innovaciones

No todas las innovaciones son iguales, las hay de diversos tipos en función de una serie de criterios, que describiremos a continuación, y sobre los cuales hay bastante consenso entre los países, ya que, como se comentó antes, han surgido como consecuencia de una serie de trabajos desarrollados para medir la innovación de la misma forma y así poder realizar comparaciones.

Innovaciones según su naturaleza u objeto

La nueva versión del *Manual de Oslo* establece dos grandes grupos de innovaciones según su objeto: las que modifican los productos de la empresa (innovaciones de producto) y las que cambian los procesos de la empresa (innovaciones de los procesos empresariales); si en las versiones anteriores del manual la tecnología marcaba la diferencia, la importancia de las nuevas tecnologías de la información y las comunicaciones (TIC) en todos los procesos de las empresas ha aconsejado que ese no sea el factor de diferenciación. El término "producto" se refiere tanto a bienes como a servicios, y nuevamente la agrupación facilita el análisis, porque es cada día más difícil separarlos.

De acuerdo con lo especificado en el manual de 2018, "una innovación de producto es un nuevo o mejorado bien o servicio que difiere significativamente de los bienes o servicios previos de la empresa y que ha sido efectivamente introducido en el mercado". Las mejoras deben afectar a una o más de las características o especificaciones de desempeño, incluyendo la adición de nuevas funciones o la mejora de las funciones existentes o de la utilidad para el usuario. Las características funcionales incluyen la calidad, las especificaciones técnicas, la fiabilidad, la durabilidad, la eficiencia económica durante el uso, la disponibilidad, la conveniencia, la utilidad y la facilidad de uso. El esfuerzo de síntesis realizado por quienes trataban de recoger todas las posibilidades es notable, pero así expresado no ayuda mucho a comprender a qué se refiere. Veamos, ilustrándolo con ejemplos, estos diferentes tipos de innovaciones.

Un producto cotidiano en el que se pueden identificar sucesivas innovaciones, tanto en los materiales y en el equipamiento como en el diseño y en la funcionalidad, es decir, en las prestaciones que ofrece el producto al usuario, es el automóvil. Un automóvil actual, por ejemplo, ha cambiado en muchos aspectos desde que en 1885 se fabricara el primero con motor de gasolina. La evolución de la fuente de energía ha cambiado y, con ello, los motores: después del motor de gasolina apareció el de gasoil; más tarde se modificó la composición de las gasolinas, para eliminar el plomo por su carácter contaminante; luego surgieron motores a gas y finalmente el motor eléctrico. Además, ahora incorpora diversos materiales diferentes de los primitivos, sobre todo en la carrocería, lo que ha tenido como consecuencia una notable disminución de peso, ganando seguridad; han ido incorporando paulatinamente componentes electrónicos, en el motor y en el habitáculo, que han permitido hacer motores más eficientes y automatizar muchas funciones: primero fueron los cierres automáticos de puertas y ventanas, luego los sistemas de apertura remota y ahora algunos ya tienen un ordenador que lo controla todo, ¡y que habla! Puede dar una advertencia verbal cuando el líquido limpiaparabrisas está bajo, o informar sobre el tráfico; el sistema GPS, que sabe exactamente dónde está el vehículo, ayuda a encontrar el sitio al que uno se dirige, informa sobre la gasolinera más próxima o puede sugerir sitios de interés. Los nuevos vehículos incorporan nuevos sistemas de ayuda a la conducción y sistemas de seguridad que permiten que el vehículo pueda ver y comprender el entorno por el que circula (por ejemplo, identificar la vía y sus límites, la presencia de peatones, ciclistas, animales, etc.) y con toda esta información detectan si hay riesgo y actúan. Por su parte, las prestaciones de este automóvil-mayordomo son bastante diferentes de las que ofrecían los tradicionales; ya los hay que aparcan solitos... Como puede apreciarse, a lo largo de la vida del automóvil se ha innovado en los materiales, los combustibles, los motores, la electrónica ha ido sustituyendo a la mecánica, se ha innovado en el diseño para aumentar la seguridad y se le han ido añadiendo artilugios que han mejorado el manejo, la conducción o la habitabilidad. Es un claro ejemplo de cómo la sucesión de innovaciones llega a configurar un producto muy diferente al inicial, pero que mantiene la principal funcionalidad: desplazar personas y sus pertenencias de un lugar a otro. Una característica esencial de todas estas innovaciones es que el sobreprecio para el comprador, si lo hay, es pequeño y atractivo de acuerdo a las mejoras que aporta. Hoy en día, el precio medio de un automóvil en relación con los salarios medios es menor que en el pasado, con automóviles que ofrecen más y mejores prestaciones.

El ordenador es otro producto que ofrece innumerables ejemplos sobre las innovaciones en las características funcionales y técnicas. Los primeros ordenadores (1951-1958) eran equipos que utilizaban tubos de vacío para procesar información, tarjetas perforadas para programar e introducir datos y cilindros magnéticos para almacenar las instrucciones internas y la información; y se utilizaban, básicamente, para realizar cálculos complejos o con gran número de datos. Eran máquinas muy grandes y caras, al alcance de grandes empresas o entidades, y que, además, consumían mucha energía. A finales de los años cincuenta del siglo XX surgió la llamada "segunda generación de ordenadores", donde los transistores sustituyeron a los tubos de vacío para procesar información; eran mucho más rápidos, pequeños y fiables que aquellos, pero seguían ocupando mucho espacio. Se programaban mediante el lenguaje Fortran (acrónimo en inglés de *[For]mula [Tran]slation*); quienes estudiaran carreras científicas en España en los años setenta recordarán las fichas perforadas que se llevaban al centro de cálculo en cajas de zapatos (encajaban perfectamente) y se metían en el ordenador con la esperanza de que no hubiera habido ningún fallo; si a algún lector se le cayó alguna vez una caja llena de las famosas fichas, seguro que le viene a la memoria el drama que algo así representaba. A partir de 1964 se empiezan a producir los ordenadores de tercera generación, gracias al desarrollo de los circuitos integrados (pastillas de silicio), capaces de albergar miles de componentes electrónicos en una integración en miniatura. Los ordenadores se hicieron más rápidos, más pequeños, desprendían menos calor y eran energéticamente más eficientes. En paralelo, surge la multiprogramación y los ordenadores comienzan a desarrollar tareas de procesamiento o análisis matemáticos. Emerge la industria del software. La cuarta generación, que surge a partir de 1971, se debe a la incorporación de los microprocesadores, circuitos integrados de alta densidad y con una velocidad impresionante, que reducen considerablemente el tamaño de los ordenadores y su precio y permiten la aparición del ordenador personal. Ahí hubo un cambio conceptual importante: tanto la información como la capacidad de procesamiento se encontraban en la mesa del usuario, no en una gran habitación central a cargo de los informáticos. El siguiente paso, el ordenador portátil (en inglés *laptop*, de *lap*, "regazo", porque se puede usar poniéndolo ahí), que aparece en los años ochenta (la quinta generación), representó una innovación, porque sus características técnicas (menor peso y volumen) le permitieron ser transportable. En los noventa aparecieron las PDA (Personal Digital Assistant), computadoras de mano que fueron originalmente diseñadas como agenda electrónica, pero que posteriormente incluyeron acceso a internet ampliando sus prestaciones para poder recibir correos electrónicos.

Hacia mediados de los noventa se produjo una interesante confluencia de productos: aparecieron los primeros teléfonos inteligentes (*smartphones*), que eran dispositivos híbridos (móvil y PDA) al combinar el *hardware* básico del teléfono con los sistemas operativos de las PDA. A partir de 2010, los teléfonos inteligentes, con sistemas operativos específicos, además de la comunicación y el acceso a internet, ofrecen muchas funciones que sus respectivos antecesores del siglo XX no podían ni soñar, y se han convertido en un verdadero apéndice para muchas personas, de tal forma que ya se están empezando a estudiar las nuevas enfermedades derivadas de su uso abusivo.

La evolución de los dos productos descritos ha sido posible gracias a la confluencia de avances en muchos campos, pero destacan tres: la electrónica, los materiales y la informática.

La electrónica, según Wikipedia, es la rama de la física aplicada que comprende la física, la ingeniería, la tecnología y las aplicaciones que tratan con la emisión, el flujo y el control de los electrones —u otras partículas cargadas eléctricamente— en el vacío y la materia. Los principales usos de los circuitos electrónicos son el control, el procesamiento, la distribución de información, la conversión y la distribución de la energía eléctrica, por lo que sus aplicaciones se encuentran en prácticamente todos los sectores industriales y muchos de servicios.

Los nuevos materiales (metálicos, poliméricos, cerámicos, magnéticos, nanomateriales o biomateriales)[5] contribuyen a innovaciones de producto relevantes en muy diversos ámbitos (energía, construcción, salud, informática, comunicaciones, transporte, alimentación, etc.); casi sería más fácil enumerar los que no se ven afectados. El objetivo de los nuevos materiales consiste siempre en que sus propiedades y

5. El libro de divulgación *Nuevos materiales en la sociedad del siglo XXI*, coordinado por Carmen Mijangos y José Serafín Moya, editado por el CSIC en 2007, ayuda a comprender los retos científicos y tecnológicos de esta área.

prestaciones contribuyan a mejorar las capacidades de los productos en los que se involucran o a disminuir el impacto medioambiental de la producción de estos.

Respecto a la informática y, más ampliamente, a las TIC, su evolución ha sido notable desde finales del siglo XIX y su impacto social y económico no ha hecho más que crecer; sus avances desde los últimos años del siglo XX, con la aparición de internet, están cambiando las formas de hacer en casi todos los sectores económicos y sociales. En este ámbito, cabe destacar la inteligencia artificial[6], cuyos inicios se sitúan en los años cincuenta, pero que ha sido en este milenio cuando ha comenzado a integrarse en múltiples ámbitos sociales, no solo en las empresas, y, por su enorme relevancia futura, a formar parte de las agendas políticas de los países. El desarrollo y las futuras aplicaciones de inteligencia artificial están muy vinculados a la capacidad científica y tecnológica en las demás ramas de las TIC; y, por su interés y sus múltiples consecuencias económicas, éticas, jurídicas y sociales, son objeto de análisis por parte de las administraciones y de investigación por parte de equipos de investigadores de ámbitos muy diversos, incluidas las ciencias humanas y sociales.

Si queremos identificar ejemplos de innovaciones de servicio, conviene tener en cuenta que es un sector muy diverso y cubre muchos tipos diferentes de actividades, cuyas características comunes son básicamente cuatro: no son tangibles, transportables, acumulables o cuantificables; esto hace más difícil su análisis también desde la perspectiva de la innovación, pues, por su carácter "intangible", se puede dar una infravaloración de la actividad innovadora; además, en los servicios la diferenciación entre innovación de producto y de proceso no está tan clara como en las empresas industriales. Los servicios presentan grandes diferencias en función del mercado en el que operan —sector público, consumidor final o empresas— y según el tipo de servicios que prestan: servicios físicos (por

6. Los avances en inteligencia artificial han sido magníficamente descritos en el libro homónimo de esta misma colección escrito por nuestros compañeros Ramon López de Mántaras Badia y Pedro Meseguer González (2017).

ejemplo, hostelería, comercio, reparaciones), centrados en las personas (por ejemplo, educación, servicios médicos, peluquerías), dedicados a la transmisión de información codificada (radio y TV, comunicaciones, banca, servicios profesionales). La otra característica singular es su interactividad, es decir, la estrecha relación entre la producción del servicio y su consumo, con lo que el destinatario del servicio se transforma, en ocasiones, en un coproductor del servicio, de ahí que diversos estudiosos de la innovación hayan resaltado el papel de los usuarios en la producción de innovaciones, especialmente Eric von Hippel (2005). Este autor declara que la innovación centrada en los usuarios ofrece ventajas frente a la centrada en los fabricantes y, además, con ello la innovación se está democratizando. Dentro de los usuarios, Von Hippel destaca a los que llama "usuarios principales" (*lead users* en inglés), que son un conjunto de usuarios con dos características distintivas: la primera es que están en la vanguardia de una o varias tendencias importantes del mercado y, por lo tanto, en un momento dado tienen necesidades que luego tendrán otros muchos en ese mismo mercado. Precisamente por esa posición de vanguardia, prevén beneficios relativamente altos si logran hallar una solución de sus necesidades, por lo que pueden invertir para innovar. En los servicios de asesoramiento informático para empresas se da con mucha frecuencia, por ejemplo, cuando se pretende desarrollar software de seguridad, pero también se han identificado casos en otros contextos, como el desarrollo de equipos para ciclismo o deportes extremos, en los que han colaborado deportistas, o de equipamientos para personas con diferentes tipos de discapacidades o minusvalías, donde participan tanto usuarios como médicos especialistas de diferente perfil y otros profesionales, dependiendo del producto. Lo cierto es que, además de lo antedicho, una mayor participación de diversos tipos de usuarios finales ayudaría a evitar algunos de los problemas de adecuación de muchos productos en muy diversos sectores a sus distintos tipos de usuarios, en especial a las mujeres, a quienes no se ha tenido en cuenta en el diseño de productos y servicios tan diferentes como medicamentos, instrumentos musicales, móviles o sistemas de traducción automática, como ha puesto en evidencia con todo lujo de detalles la investigadora Caroline Criado Pérez en su libro *La mujer invisible* (2020).

Por ofrecer ejemplos de innovaciones en un ámbito especial, porque en él actúan entidades públicas y privadas de muy diverso tipo, hablemos del patrimonio cultural, sector enormemente diverso y, por ello, de gran riqueza. En el caso de algunos patrimonios culturales inmateriales, se consideran innovaciones de producto ejemplos tan variados como la primera interpretación mundial (o grabación) de obras (musicales, teatrales) recuperadas; nuevas aproximaciones a la interpretación o relecturas de obras; nueva puesta en escena o nueva contextualización (ambiente de época, olores); así como las innovaciones técnicas utilizadas en su interpretación o representación (iluminación, uso de audiovisuales, nuevos espacios...). La difusión del patrimonio, que forma parte de los servicios de una entidad cultural, ha experimentado grandes cambios, algunos derivados del uso de las nuevas tecnologías de la información y de las comunicaciones; por ejemplo, en el caso de los museos, cursos en línea, reproducciones a la carta de sus cuadros o visitas virtuales, difusión de los procesos de restauración de las obras en el canal de YouTube de los museos; en este contexto, cabe señalar el reciente proyecto "Línea del tiempo y lectura aumentada" del Museo del Prado, que aplica inteligencia artificial para crear una herramienta de lectura aumentada que permite, a quien consulta esta página de la web del museo, contextualizar las obras y autores presentes en la colección, al combinar su catálogo (digitalizado) con información procedente de otras fuentes[7].

No creemos que sea necesario insistir mucho en que buena parte de las innovaciones que se están produciendo en el ámbito de los servicios —y también en otros sectores— surgen gracias a las TIC, y, dentro de ellas, a internet y a las

7. https://www.museodelprado.es/coleccion/linea-del-tiempo?pInit=1100-1-1&pEnd=1970-1-1

diversas aplicaciones que han surgido en este medio. El sector de las telecomunicaciones es uno de los que más se ha revolucionado (vean que usamos el término "innovador" como en el pasado), especialmente cuando analizamos la transmisión a distancia de voz y datos: primero fue el telégrafo, luego el teléfono, el télex, el telefax y, por fin, internet. En estos momentos, casi sería más fácil enumerar los servicios que no se han visto afectados por esta herramienta. Desde que, en los años sesenta, el Ejército norteamericano desarrolló la primera red de comunicaciones para poder conectar sus ordenadores (ARPANET), internet ha crecido hasta convertirse en una malla tupidísima que llega a la mayor parte de los países, afecta a prácticamente todos los ámbitos socioeconómicos (banca, industria, transportes, educación, administración pública, ONG, sociedad civil...) y está alterando incluso nuestra forma de relacionarnos; para poder apreciar su impacto, baste decir que en 2019 había en el mundo más de 4.140 usuarios de internet, que representaban el 51% de la población; pero la distribución es muy desigual entre unas zonas y otras del planeta, pues la penetración en Europa es del 82,5%, en América del 77,2%, en Asia y Pacífico, el 48,4 %, y en África, el 28,2%[8].

Internet también ha dado lugar a una nueva forma de escuchar música. En el pasado, solo era posible oírla en directo, en los conciertos o audiciones, hasta que en 1877 el fonógrafo de Edison permitió grabar y reproducir sonidos por primera vez, pero fue sustituido, en 1896, por el gramófono, que incorporaba, como principal novedad, los discos de vinilo. A partir de ahí, los sistemas de reproducción mejoraron, pero manteniendo el disco de vinilo hasta la aparición de otros soportes: primero, las cintas magnetofónicas y, más recientemente, los CD. En todo caso, al final uno adquiría un disco, cinta o CD para reproducirlo en casa. La llegada de internet ha traído otra forma de escuchar música, la llamada reproducción o difusión en línea (*streaming*), es decir, la música se encuentra disponible en un sitio web y, utilizando un

8. En https://www.statista.com

programa, disponible para los diversos sistemas operativos y dispositivos, se pueden escuchar los temas musicales que se deseen, seleccionando intérpretes, canciones, o elaborando una selección a gusto del consumidor. La principal empresa del sector es la sueca Spotify —una empresa de servicios—, que lanzó su programa en 2008 y ahora tiene 271 millones de usuarios activos en todo el mundo (datos de febrero de 2020), de los cuales más del 45% son de pago. Para poder ofrecer este servicio, la empresa ha establecido acuerdos con las principales discográficas. El impacto de esta nueva forma de difusión de la música sobre la producción y distribución de la música en CD o vinilo, que está resucitando entre los melómanos, aún no se sabe a ciencia cierta, porque es demasiado reciente.

El *Manual de Oslo* de 2018 especifica que, junto a las innovaciones de producto (bien o servicio), se producen las relativas a las demás funciones de la empresa, es decir, las de los denominados "procesos empresariales", donde se encuentran los procesos de producción de productos o servicios, la distribución y logística, la comercialización y venta, los sistemas de información y comunicaciones, la administración y gestión —incluyendo las relaciones externas— y el desarrollo de productos y procesos empresariales. Veamos algunos ejemplos de estas innovaciones.

En casi todos los sectores empresariales han surgido profundos cambios en los procesos de elaboración de sus productos, sean bienes o servicios, así como en los de distribución y logística o en los sistemas de información y comunicaciones, que el nuevo *Manual de Oslo* agrupa entre las innovaciones de proceso. Sin duda, los progresos en el campo de la electrónica y la informática han sido básicos para que en todo tipo de sectores se hayan desarrollado procesos más automatizados, desde las fábricas de automóviles o las de tornillos, en la actualidad, completamente robotizadas, a las bodegas, y desde las cooperativas agrícolas o las fábricas de medicamentos a las agencias de viajes o los teatros. Otra tecnología muy importante para dar lugar a innovaciones de proceso en diversos sectores es la biotecnología, que, según el

Convenio sobre Diversidad Biológica de 1992, se define como "toda aplicación tecnológica que utilice sistemas biológicos y organismos vivos o sus derivados para la creación o modificación de productos o procesos para usos específicos". Los campos de aplicación de la biotecnología son muy diversos: agricultura, farmacia, industria alimentaria, medioambiente y medicina. En el ámbito de la farmacia y la medicina, ha permitido producir medicamentos innovadores para múltiples áreas terapéuticas (oncología, neurociencias, enfermedades cardiovasculares o autoinmunes), vacunas y productos de diagnóstico, donde cabe destacar, por ejemplo, los de enfermedades raras o infecciosas. En agricultura permite obtener plantas clónicas a partir de alguna con características deseadas y también se han desarrollado plantas resistentes a condiciones ambientales adversas, como el exceso de salinidad del suelo o la falta de humedad, por ejemplo, o a enfermedades. En alimentación se están desarrollando continuamente nuevos microorganismos capaces de producir diversos tipos de ingredientes con propiedades funcionales, tanto para humanos como para animales, y también sistemas que permiten identificar la presencia de grasas, gluten o antibióticos en productos alimenticios, por poner algunos ejemplos.

Es muy frecuente que se produzcan, simultáneamente, innovaciones de producto y de proceso y que, a lo largo de la vida del producto, se actúe sobre los procesos para simplificarlos, mejorarlos y reducir costes, e incluso para mejorar la calidad del producto y su funcionalidad. Un ejemplo interesantísimo es un periódico. Se pueden encontrar innovaciones en todas las etapas y componentes de la producción de un periódico: cómo se escriben y maquetan los contenidos —primero a mano, luego a máquina, ahora por ordenador—, las imágenes —ahora digitales—, el proceso de impresión —rotativas controladas por ordenador, tintas de origen polimérico, no mineral—, el plegado —robotizado—; las nuevas telecomunicaciones permitieron la impresión del periódico en puntos apartados de un mismo país o en otros países (ediciones multinacionales), pero el gran cambio se produce cuando los periódicos pasan, en sí mismos, a ser digitales, esto es, los leemos directamente en la pantalla del ordenador, la tableta o el móvil, lo cual, además, permite ofrecer noticias constantemente actualizadas, imágenes, vídeos… Y facilita enormemente la participación de los lectores, así como seguir sus reacciones e intereses, algo de gran importancia para los editores. Un periódico digital no es el mismo "producto" que el periódico tradicional, porque ofrece unas prestaciones muy diferentes; puede decirse, pues, que es un nuevo producto que se produce mediante un nuevo proceso. La innovación de proceso ha llevado a la innovación de producto.

Respecto a la distribución y logística, el seguimiento de materiales en cadenas de suministro mediante código de barras es una innovación presente en muchos sectores y afecta tanto al movimiento de las mercancías dentro de la empresa como a las interacciones con los proveedores, prestadores de servicios y clientes finales.

Finalmente, ya se ha descrito que las TIC han modificado profundamente la forma en que trabajamos y nos relacionamos, también en las empresas los propios sistemas de información y comunicaciones han variado sustancialmente en los últimos 30 años. Nosotros podemos recordar que iniciamos nuestra actividad laboral redactando informes a mano que luego se pasaban a máquina, después las organizaciones comenzaron a tener ordenadores centrales con terminales "tontas" (pantalla y teclado) en las unidades de trabajo; ya en los años ochenta se comenzó a contar con ordenadores personales, cuya capacidad fue aumentando con el tiempo, conectados en una red local y que, gracias a internet, cuando ya se pudieron establecer redes privadas virtuales, permitió el acceso a la información y el trabajo en remoto; a la vez, las aplicaciones de comunicación han permitido mantener reuniones virtuales durante las cuales es posible hablar, verse e intercambiar información y documentos de diverso tipo. Estas innovaciones en los sistemas de información y comunicaciones han afectado a todas las funciones de la empresa, permitiendo, a su vez, innovaciones en áreas como la comercialización y las finanzas.

Se considera que una empresa ha producido una innovación de comercialización cuando ha introducido modificaciones significativas en el diseño o en el envasado de sus productos, o ha utilizado nuevas técnicas o canales para la promoción de sus productos o servicios, o nuevos métodos para el posicionamiento del producto en el mercado o para el establecimiento de los precios. Veamos ejemplos.

La primera vez que una editorial saca una edición de bolsillo de parte de sus fondos editoriales o una edición limitada de algún libro especial es una innovación de diseño y presentación. También se pueden incluir aquí los cambios de presentación que realizan las empresas de muchos productos de consumo (detergentes, jabones, colonias, etc.) o las ventas de productos frescos en unidades menores de lo habitual. Un ejemplo de nuevo canal de venta puede ser la franquicia, por la que una empresa autoriza a un franquiciado a abrir una unidad de ese negocio utilizando su marca y productos; eso le permite ampliar el alcance de su empresa sin asumir las correspondientes inversiones y difundir su modelo de negocio. Si se centra el análisis en el uso de internet, el abanico es amplísimo, pues, como ya se ha dicho, son muchos los comercios y las empresas manufactureras que han comenzado a vender por internet todo tipo de productos y servicios. También se pueden citar las tarjetas de fidelización de las compañías aéreas o las de regalo de los grandes almacenes.

En el sector turístico, internet también ha producido una auténtica revolución, porque incluso los hoteles más pequeños ahora son visibles en la red y pueden difundir su oferta específica, ya sea utilizando plataformas comerciales o bien estableciendo una propia, tras agruparse por tipo de establecimiento o regionalmente, para compartir tanto el sistema de reservas como el canal de difusión, un ejemplo de nuevos métodos para el posicionamiento del producto en el mercado.

En el ámbito de la promoción puede citarse el primer uso de una nueva marca comercial o la primera vez que se introduce publicidad en la televisión (promoción de series televisivas) o la participación en la publicidad, por primera vez, en una empresa o entidad, de algún personaje famoso cuya personalidad contribuye a realzar alguna de las características del producto o servicio.

El otro gran grupo de innovaciones son las *innovaciones organizativas*, que comprenden las nuevas prácticas empresariales en la organización del trabajo (distribución de responsabilidades), nuevos métodos de organización de los lugares de trabajo o nuevos métodos de gestión de las relaciones externas.

Un ejemplo de nuevas prácticas empresariales en la organización del trabajo es la puesta en marcha de un sistema de gestión del conocimiento para almacenar las ideas, protocolos, normas, etc., de la empresa, que es mucho más que una base de datos, porque, para que todos los empleados contribuyan, se requieren cambios en los sistemas de incentivos a los trabajadores; también lo es la puesta en marcha por primera vez de un sistema de información integrada compartido por toda la organización, que en grandes organizaciones multinacionales es fundamental para que la compañía tenga un "corazón" único y no haya dispersión de la información relevante. La creación de grupos de trabajo que funcionan por proyectos en una empresa altamente jerarquizada también es un ejemplo de innovación de organización, o las modificaciones de los sistemas de incentivos para los trabajadores, la introducción de sistemas de control de calidad, etc. Una innovación organizativa muy actual es el llamado "teletrabajo"; algunas grandes empresas con potentes sistemas de información y cuyos empleados trabajan básicamente con sus ordenadores ya contemplaban la posibilidad de realizar en remoto alguna jornada laboral (un día a la semana, por ejemplo), pero la pandemia que nos ha sacudido este año ha tenido como consecuencia que, durante los confinamientos, todos aquellos empleos que lo permiten se hayan desarrollado en remoto y eso ha supuesto un enorme reto para las empresas, tanto desde el punto de vista tecnológico como organizativo, en todos los aspectos. Aún es pronto para saber en qué medida va a influir esta situación en el futuro del trabajo, pero no cabe duda de que, para muchas empresas y para organizaciones de todo tipo, ha supuesto un reto organizativo de primera magnitud.

Como ejemplo de nuevos métodos de gestión de las relaciones externas pueden citarse la subcontratación, por primera vez, de parte de las actividades de la empresa a empresas externas, la participación en una agrupación de empresas para realizar proyectos de investigación o la participación en entornos o ecosistemas de innovación abierta centrados en el usuario, donde los ciudadanos participan en los procesos de innovación junto con grupos de investigación, empresas, ciudades o regiones.

En algunos casos la innovación afecta al negocio en sí mismo, lo que se llama "un nuevo modelo de negocio", como es el caso de las compañías que ofrecen vuelos a bajo coste (y servicio mínimo). En este contexto, cabe destacar tres empresas (Amazon, IKEA y Zara) que, perteneciendo a sectores que se pueden considerar de comercio "tradicional" (venta de libros, de muebles y complementos del hogar y de ropa y otros textiles) han alcanzado un gran éxito, gracias a que han innovado en el enfoque de su modelo de negocio y en aspectos no tecnológicos, como el diseño, el *marketing* o la distribución, etc.; en los tres casos se han mantenido ciertos aspectos esenciales del novedoso enfoque inicial, pero también ha evolucionado la gama de productos ofrecidos.

En general, es difícil analizar las innovaciones de forma aislada, ya que, como hemos visto en los ejemplos descritos, cuando un producto, un proceso o un modelo de negocio se introduce de forma masiva en la sociedad es porque ha logrado incorporar varios tipos de innovaciones, que hacen difícil su sustitución por otros productos o procesos o dificultan la imitación a otros competidores.

Finalmente, también es innovador el sector público, tanto en sus servicios al ciudadano como en sus propios procesos y organización. El equipo de investigación dirigido por el profesor Landry (Canadá) realizó en 2007 un análisis bastante interesante para identificar los ámbitos de innovación en los servicios públicos y hallaron ejemplos de gran interés que clasificaron de acuerdo con los grupos siguientes:

innovaciones tecnológicas de productos (nuevos instrumentos en un hospital), de servicios (cirugías ambulatorias), en la forma de prestar los servicios (formularios en línea), de proceso (implantación de una intranet), organizacionales o administrativas (creación de una nueva unidad administrativa), estratégicas y de gobernanza (creación de una agencia), en los sistemas de interacción (nuevo enfoque de la cooperación), conceptuales o retóricas (ecotasa, tasa turística, carnet de conducir por puntos) y en los medios de comunicación y promoción de los servicios a los ciudadanos (webs informativas).

Innovaciones según su grado

También se pueden diferenciar unas innovaciones de otras en función de su grado. Para Schumpeter las grandes mutaciones en la economía se producen cuando en ella irrumpen productos innovadores que superan con creces a los que había en el mercado hasta ese momento, al ofrecer nuevas prestaciones, para las cuales, a veces, ni siquiera hay un mercado real, sino potencial; son productos que crean sus propios mercados. Son las llamadas innovaciones "radicales", que se contraponen a las innovaciones "incrementales", esto es, las de menor grado, pero que alimentan continuamente el proceso de cambio.

La innovación radical modifica profundamente las referencias habituales de las prestaciones del producto o su coste, los sistemas de producción y de venta, en la propia empresa, en el mercado o en la sociedad, es decir, lo importante es su "impacto" sobre el sector, la economía o la sociedad. Estos diferentes conceptos exigen nuevos conocimientos y competencias, a veces totalmente ajenos a los que la empresa dominaba hasta entonces.

La innovación incremental, por su parte, consiste en una mejora progresiva de las prestaciones o costes del producto y no exige nuevos conocimientos técnicos, sino el dominio de los disponibles en la empresa. Esto no significa que la innovación incremental tenga menor valor que la radical, porque diversos estudios empíricos han demostrado que los efectos económicos de muchas innovaciones radicales no se producen en sus primeras etapas, sino un tiempo después, cuando han experimentado mejoras sucesivas.

En todo caso, la apreciación del grado de "radicalidad" de la innovación depende en parte de la perspectiva escogida; así, innovaciones de valor radical en un ámbito (por ejemplo, los materiales) pueden dar lugar a innovaciones incrementales en otros (por ejemplo, el sector de automóvil). Las dificultades para precisar el grado de innovación son grandes, pero la distinción es importante, porque las consecuencias para las empresas que las realizan y para la economía en su conjunto son muy diferentes. Por otra parte, no todas las empresas están capacitadas para efectuar innovaciones radicales, ya que se requiere el aporte de nuevos conocimientos, la mayor parte de las veces provenientes de las actividades de I+D, lo cual significa que su personal técnico puede que no domine los conocimientos y tecnologías involucrados, y porque pueden suponer cambios muy profundos en las diversas secciones de la empresa, lo cual implica esfuerzos económicos relevantes.

Son innovaciones radicales el ordenador portátil respecto al de mesa, el móvil respecto al teléfono fijo, los automóviles con motor eléctrico respecto a los de gasolina o diésel, los aerogeneradores respecto a las fuentes convencionales de producción de energía o los libros electrónicos o los drones, por citar algunos ejemplos muy claros.

Las *tecnologías genéricas*, llamadas así porque pueden utilizarse en diversos sectores, producen en ellos innovaciones frecuentemente radicales. Un ejemplo de estas tecnologías sería el láser: como hay láseres de muy diversas potencias, esta tecnología se puede utilizar en diferentes sectores, sustituyendo a otras y produciendo innovaciones radicales. En el ámbito médico se aplican diferentes tipos de láser en muchas especialidades: oftalmología, odontología, dermatología, fisioterapia, cirugía, etc. En la industria se usa para cortar materiales metálicos o patrones de moda, en la soldadura o sellado de piezas, en el taladrado de diamantes, en el recorte de componentes microelectrónicos o en la síntesis de nuevos materiales; también se usan en otros sectores, como defensa, arquitectura o investigación y en productos comerciales como impresoras, lectores de CD o de código de barras, en estética y en la limpieza y restauración de obras de arte… ¡Hasta para animar las fiestas!

Otro ejemplo interesante de innovación radical es el uso de otra tecnología genérica, la biotecnología, cuya amplia capacidad para producir innovaciones en campos muy diversos se ha descrito ya. Se puede poner un ejemplo muy revelador del ámbito farmacéutico: la producción de hormona de crecimiento (hGH, siglas en inglés de *human Growth Hormone*). Hasta mediados de los años ochenta, los niños con problemas de crecimiento debidos a una insuficiencia en la producción de esta hormona eran tratados con hormona humana biológicamente activa, extraída de la hipófisis de cadáveres, por lo que era extremadamente difícil de conseguir y muy cara, pero además, a mediados de esa década se descubrió que algunos de los niños tratados con la hormona habían muerto por la enfermedad de Creutzfeldt-Jacob y hubo que retirarla. Estos hechos coincidieron con el desarrollo de la biotecnología industrial y, gracias a ello, poco después de ese descubrimiento la hGH se comenzó a producir empleando la técnica de ADN recombinante (rhGH), que consiste en introducir el gen que produce la hormona de crecimiento humano en bacterias, como la *Escherichia Coli*, y luego purificar la hormona producida, lo cual permitió tratar a los niños que necesitaban aporte de esta hormona, sin los límites ni los riesgos del procedimiento anterior.

Hay muchos ejemplos de innovaciones incrementales, como muchos de los comentados en los automóviles, pero vamos a describir a continuación uno nuevo, la máquina de escribir, que ya no se utiliza porque fue desplazada por una innovación radical, el ordenador, siguiendo un claro ejemplo schumpeteriano de destrucción creadora. Ya vimos antes que el ordenador actual realiza muchas funciones que antiguamente se realizaban de otra forma o ni existían. La más simple es su uso para elaborar y procesar textos, y tiene su antecedente en la máquina de escribir, que se comercializó por primera vez en EE UU en 1874 y se desarrolló por fases. No es fácil explicar a los doctorandos actuales que, a finales de los años sesenta, las tesis se escribían a máquina y que, para poder depositar los 25 ejemplares requeridos en la Secretaría de la facultad, era preciso reescribirla por lo menos 10 veces, y eso era posible usando papel de calco —que ya no se usa— para hacer tres ejemplares cada vez, pues no existían las fotocopiadoras, que no llegaron a nuestras manos hasta los años setenta, ni los ordenadores, que llegarían a finales de la década siguiente. La máquina de escribir se conoce desde 1714, cuando un inventor británico patentó la primera, aunque no logró que funcionara correctamente. La primera máquina de escribir, comercializada por la empresa estadounidense Remington, se basaba en un prototipo diseñado y patentado por Christopher Latham Sholes, un impresor de Milwaukee (Wisconsin) y su socio Carlos Glidden. Esta máquina era mecánica y su mecanismo básico (el golpe al tipo de letra elegido) se inspiró en el funcionamiento de las teclas del piano, esta máquina sufrió cambios incrementales, como la tecla de mayúsculas, la cinta entintada que sustituyó al rodillo entintado, la posibilidad de ver lo que se estaba escribiendo... En muchas películas de los años cuarenta aparecen estas Remington y también fue la marca elegida por muchos escritores famosos. En 1872 se patentó la primera máquina de escribir eléctrica, pero tardaron mucho en difundirse en el mercado porque no eran muy satisfactorias. En 1964, la empresa IBM sustituyó las varillas con los tipos de letra por unas esferas con los tipos grabados que se deslizaban y giraban en torno a dos ejes para imprimir, y comercializó la primera máquina de escribir con memoria, con una cinta magnética que permitía corregir los errores antes de imprimir y también realizar múltiples copias, lo que puede considerarse radical en cuanto a su producción, aunque no en su funcionalidad. A España, al menos a los contextos universitarios, estas llegaron mucho más tarde, con lo cual se seguían utilizando las anteriores, porque, como también se habían inventado el líquido corrector y el papel adhesivo mate y se disponía de fotocopiadoras, ya era posible corregir textos con bastante facilidad; solo era preciso tratar de que el texto nuevo ocupara aproximadamente el mismo espacio que el que se pretendía sustituir, si uno no quería tener que reescribir páginas y páginas. Muchos de nosotros conservamos aún, por curiosidad, el original mecanografiado de la tesis doctoral, que es lo más parecido a un *collage*, lleno de trozos añadidos y párrafos sobrescritos.

Otro ejemplo que permite identificar cómo las innovaciones radicales se complementan con las incrementales son los detergentes para lavar la ropa, el primero de los cuales, el jabón, ya fue descrito en textos sumerios hace más de 2.500 años. En el siglo XII Castilla fue un gran centro productor de jabón, ya que utilizaban aceite de oliva, que eliminaba los malos olores producidos cuando los jabones se fabricaban con grasas animales; pero el proceso de producción de jabón se abarataría mucho cuando se pudo fabricar sosa cáustica a gran escala, gracias al método descubierto por Nicolás Leblanc en 1790. El primer detergente jabonoso se fabricó industrialmente en Alemania en 1906, y consistía en una mezcla de jabón tradicional al que se añadieron perborato y silicato sódicos, por lo que su nombre comercial —utilizando las tres primeras letras de cada añadido— fue Persil. Al popularizarse el uso de las lavadoras automáticas en los años cuarenta del pasado siglo, se creó una demanda progresiva de detergentes más activos, que hicieran menos espuma y capaces de dar buenos resultados en aguas duras, pues en ellas aumenta la solubilidad del jabón, lo que da lugar a una disminución de su eficacia; todo ello coincidió con el desarrollo de la industria de productos químicos derivados del petróleo y con la aparición de los tejidos de fibras sintéticas, que obligan a utilizar temperaturas de lavado cada vez más bajas. En este contexto, surgió una innovación radical, pues en 1916 se fabricó en Alemania el primer detergente para el mercado doméstico de origen sintético, que se llamaba Nelka. Era un derivado del benceno que, al parecer, no limpiaba demasiado bien, pero fue la base de una nueva forma de producir que fue mejorando los detergentes, aunque planteaba el problema de no ser biodegradable, por lo que era muy contaminante; los detergentes actuales, basados en alquilsulfonatos lineales, ya son biodegradables, y progresivamente han ido incorporando otras sustancias (agentes oxidantes, enzimas, sustancias fluorescentes, estabilizadores de espuma, zeolitas...), con el fin de ofrecer mejores resultados para todo tipo de tejidos, especialmente los de color. También ha habido innovaciones incrementales en la forma de presentación (en polvo, líquidos y en pastillas), que tiene efectos sobre la formulación, pero que, en gran medida, persigue mover al consumidor hacia los nuevos productos que se ponen en el mercado.

Finalmente, una innovación que, como internet, comenzó siendo radical son los drones o vehículos aéreos no tripulados, que han experimentado innovaciones incrementales sucesivas para perfeccionar y mejorar sus prestaciones y capacidades, y así ampliar los ámbitos de aplicación. Actualmente, las ventajas que ofrece el uso de drones frente a los diversos dispositivos alternativos son diversas: son de pequeño tamaño, fáciles de manejar y con una amplia cobertura, lo que les permite el acceso a zonas donde el ser humano no puede llegar por diversas razones (orografía, riesgo, etc.); pueden transmitir y procesar imágenes y datos en tiempo real; al no ir pilotados, se reducen el riesgo humano y su coste; son precisos y de fácil control, cada día a mayor distancia. Los drones se crearon en el ámbito militar para reconocimiento aéreo y para realizar ataques encubiertos con misiles, pero en la actualidad se utilizan en ámbitos tan diversos como la agricultura (exploración de viñedos y recogida de la cosecha), el cine y la televisión, la seguridad, la gestión de incendios (permiten vigilar grandes superficies y, cuando se ha producido un incendio, continuar las labores de extinción de noche), las obras públicas (trazado de carreteras), el rescate de personas o el transporte de ayuda humanitaria.

Innovación social

Como ya se explicó antes, no solo se innova en las empresas, aunque ellas han sido el foco de atención durante mucho tiempo, pues son el gran motor de la economía y la concepción inicial de la innovación descansa en principios económicos. Otros agentes sociales son capaces de innovar para llevar a cabo sus fines, tal como el nuevo *Manual de Oslo* reconoce expresamente, aunque continúe poniendo el foco de las dimensiones a medir en las empresas.

A partir de esta sencilla reflexión, en diversos centros de investigación surgen, con algunos años de diferencia, centros que se dedican a investigar lo que se denomina "innovación social", término que se ha usado con diferente significado. Un colega que trabaja en este campo ha encontrado más de 70 definiciones de innovación social que surgen desde diversas disciplinas, por lo que no se puede decir que el concepto haya sido plenamente aceptado, pero sí que hay acuerdo en que otros agentes sociales, además de las empresas, pueden tratar de desempeñar sus funciones sociales de otra forma y aprender de los conceptos, técnicas y metodologías que ofrece el campo de la innovación. Es más, para el filósofo Daniel Innerarity, el término "innovación social" es redundante, puesto que: "No existe innovación sin sociedad. La innovación solamente se da en sociedad y carece de sentido fuera de un espacio intersubjetivo de aprobación y reconocimiento".

Aunque en puridad este autor tiene razón, los investigadores que se han afanado en definir y estudiar en profundidad la innovación en contextos no empresariales han querido hacer hincapié en el término "social" por contraposición a la innovación "económica" que se produce en empresas que buscan beneficios.

A finales de los años noventa, un investigador francés, Camil Bouchard, la definió como "todo nuevo enfoque, práctica o intervención o producto desarrollado para mejorar una situación o resolver un problema social y que ha sido adoptado por instituciones, organizaciones o comunidades". Según esto, la antedicha innovación de organización forma parte de la innovación social, pero la novedad consiste en que se abre la posibilidad de que otros agentes sociales, incluyendo "comunidades", es decir, sin naturaleza jurídica alguna, puedan innovar. El Center for Social Innovation de la Universidad de Stanford (EE UU) modifica ligeramente la anterior: "Toda aquella solución novedosa a un problema social que sea más eficaz, eficiente, sostenible, o simplemente justa que las soluciones actuales, y cuya aportación de valor se dirija a los intereses de la sociedad en su conjunto y no a los intereses particulares".

Mientras que la innovación tecnológica se sustenta, en muchas ocasiones, sobre los avances obtenidos por la investigación en las ciencias experimentales o la ingeniería, la innovación social ofrece oportunidades muy destacadas a las ciencias humanas y sociales, que constituyen una comunidad académica importante en la mayoría de los países. En el proceso de innovación social, la investigación tiene dos funciones: una función de reconocimiento, por la que se evalúa la innovación que no necesariamente emerge de la investigación, y otra de creación, al contribuir a la puesta a punto de innovaciones mediante la experimentación de nuevos ambientes o de programas que pueden conducir a nuevas estrategias de intervención o al uso, por parte de los gestores, los directivos o aquellos que, en general, intervengan de una u otra forma en la sociedad, de nuevos instrumentos de prácticas o de formación.

Una vez nombrada y definida la innovación social es posible compararla con la tecnológica e identificar las similitudes y diferencias entre ambas. Ambas tienen en común que involucran a actores diversos en la resolución de un problema; que surgen, frecuentemente, bajo la presión exterior (mercado en el primer caso, necesidades sociales en el segundo); y que su objetivo es obtener una aproximación, producto o servicio nuevos para su usuario o promotor. Las diferencias entre ambos tipos de innovaciones derivan de la menor importancia de la ciencia en las innovaciones sociales y de sus protagonistas: la empresa en el primer caso, la administración y el tercer sector en el segundo, que determinan el carácter comercializable o no de las innovaciones y también su dinámica, en razón de la diversa naturaleza de las necesidades a cubrir. En todo caso, cada día es más difusa la frontera entre los tres sectores de aplicación y también entre las innovaciones tecnológicas y sociales (véanse, como ejemplo, los cambios sociales inducidos por la introducción en el mercado de innovaciones tecnológicas como los teléfonos móviles o internet).

Las situaciones de crisis, como las que venimos padeciendo desde el inicio de este siglo, son contextos muy adecuados para que surjan innovaciones sociales. Un ejemplo interesante fue la campaña iniciada en 2010 de Médicos Sin Fronteras para conseguir donaciones que permitiesen tratar a enfermos olvidados, consistente en vender en las farmacias cajas de las llamadas "pastillas para el dolor ajeno" por 1 euro. Tres meses después del lanzamiento de la campaña, se vendieron más de 3 millones de cajas. ¡Sencillamente genial! Otro ejemplo del denominado micromecenazgo es Worldcoo[9], una herramienta en línea y gratuita de ámbito europeo creada en 2012 para que las empresas de comercio electrónico puedan financiar proyectos sociales y de cooperación a través de sus usuarios; actualmente se están financiando cerca de 450 proyectos, uno de los cuales, el redondeo solidario, lo está llevando a cabo Correos; cuando se va a pagar cualquier envío, la empleada propone redondear el importe y esa diferencia entre el coste real y la cifra redondeada va a parar a una ONG; el recibo de compra especifica la causa apoyada e incluso es posible desgravarse el citado importe.

Otra iniciativa de la misma índole son los bancos de tiempo. Son un sistema para intercambiar servicios por servicios o favores por favores. La moneda no es el euro ni el dólar, sino una medida de tiempo: la hora. Por ejemplo, tú sabes formatear un disco duro y yo sé coser botones y dobladillos, pues, si ambos finalizamos el trabajo que hacemos para el

9. https://www.worldcoo.com/es/

otro en una hora, al acabar, quedamos en paz. Como no es fácil que se logre esa exacta reciprocidad, se establece el banco, que funciona como una especie de cuenta: el que ha dedicado más tiempo lo acumula en su "haber" para recibir, en el futuro, un servicio que precise de entre los ofertados. Además de que, en tiempos de alto índice de paro, haya mucha gente sin recursos pero con tiempo, el hecho de que la unidad de intercambio sea el tiempo, independientemente del valor económico del servicio prestado, es una manera de fomentar valores sociales de gran importancia, como el respeto, la igualdad, la solidaridad y el altruismo, y la iniciativa ayuda a las personas que no encuentran trabajo a mantener su autoestima. Son muchos los ayuntamientos —especialmente de pueblos pequeños— que apoyan estos bancos de tiempo para paliar los efectos de la crisis y mejorar las relaciones entre los vecinos, sufragando el lugar en el que se gestionan los intercambios, que a veces son locales municipales y otras, portales web. Hay una asociación de bancos de tiempo, a la que pertenecen muchos españoles y también ciudadanos de países latinoamericanos[10].

La importancia que se da a la innovación social en la actualidad se puede apreciar también en que la Comisión Europea, a partir de 2010, ha dedicado recursos a profundizar en su conocimiento, a conocer su potencial y a apoyar diferentes tipos de iniciativas para favorecerla. Nuevamente, la innovación y la política van de la mano.

10. http://www.bdtonline.org/

CAPÍTULO 4

¿Por qué y cómo se innova en las empresas?

La empresa que innova es la que está pendiente de las necesidades cambiantes de sus clientes y de lo que hacen sus competidores, alerta ante la evolución del contexto en el que se ubica, es decir, la situación general del país o de los lugares en los que vende sus productos o servicios, sus leyes, normas, etc., y que analiza periódicamente sus propias actividades para encontrar espacios de mejora. Innova para sobrevivir, que es la misión básica de una empresa, y, para ello, debe ser capaz de ofrecer buenos productos y de hacerlo de la mejor forma posible. Las empresas innovadoras son aquellas que integran la innovación en sus objetivos y estrategias. Fijado el objetivo u objetivos —el producto o proceso que se pretende desarrollar—, uno de los aspectos básicos es decidir cómo se va a llevar a cabo y, en particular, cómo van a incorporar las tecnologías y conocimientos que no tienen y a aprender lo que no saben, pero necesitan saber (y dominar), es decir, qué estrategias van a seguir y qué actividades van a llevar a cabo.

Objetivos de la innovación

Las empresas que innovan sistemáticamente lo hacen porque consideran que su supervivencia depende de ello y, por eso, la innovación forma parte de su visión. Inicialmente, los objetivos de la innovación se centraban en el mercado (nuevos o mejorados productos) o en los procesos (reducción de costes, ahorro de energía o de materias primas, disminución de riesgos, mejora de la calidad de sus productos o servicios, mejora de la eficiencia, etc.), pero las empresas forman parte de las sociedades en las que se desenvuelven, y ello ha tenido como consecuencia que, en las decisiones de innovación, ahora también se contemplen objetivos ambientales y sociales, como la disminución del impacto ambiental de la empresa o la contribución a la mejora del bienestar y la calidad de vida, de la salud y la seguridad públicas, de la inclusión social o de la equidad de género. En el último capítulo de este libro se profundiza en estos nuevos objetivos, que no siempre responden exclusivamente a las convicciones de las empresas, sino a las demandas de unas sociedades —y unos consumidores— cada vez más exigentes respecto a la responsabilidad social de las empresas.

¿Qué estrategias utilizan las empresas para innovar?

Los estudios empíricos han demostrado que, en general, las empresas utilizan esencialmente su conocimiento y sus capacidades internas, y, cuando no poseen los conocimientos o tecnologías precisos, tienen dos posibilidades: producirlos internamente o adquirirlos en el exterior; de forma sintética, se decía que había dos estrategias para incorporar conocimiento: hacer o comprar. Posteriormente, los analistas descubrieron que las empresas en ocasiones recurren a una tercera estrategia para generar ese conocimiento: cooperar con otras empresas u organizaciones en los procesos de innovación. Aunque en los años cincuenta del pasado siglo ya se identificaron experiencias de cooperación empresarial en proyectos tecnológicos, su crecimiento tiene lugar en los ochenta, como consecuencia de la pionera política tecnológica llevada a cabo en Japón, que posteriormente fue seguida por EE UU y la UE.

El dilema que se presenta en las empresas a la hora de innovar se traslada a los investigadores de la innovación, que intentan dilucidar cuál de estas estrategias es más apropiada. Por ejemplo, algunos investigadores destacan que la mayor parte del esfuerzo innovador no solo es realizado por las propias empresas, sino que, además, se desarrolla en el interior de las mismas. Los estudios realizados por diversos investigadores en los Países Bajos, el Reino Unido y España muestran que los recursos internos de la empresa constituyen el principal determinante de su desempeño innovador, y que, en la mayoría de las empresas, el establecimiento de redes con agentes externos tiene un efecto limitado. No obstante, desde el campo de la gestión estratégica empresarial se ha señalado que la búsqueda de nuevas ideas de producto, nuevas formas de organización e incluso soluciones a problemas existentes ha trascendido las fronteras de la organización, abarcando cada vez más la exploración de las capacidades disponibles en otras empresas o instituciones. Asimismo, la teoría de las redes de innovación mantiene que las empresas pocas veces son capaces de innovar de forma individual y que la introducción de productos o procesos nuevos en el mercado depende de su habilidad para establecer fuertes vínculos con agentes externos.

En síntesis, de los estudios realizados se deduce que la estrategia a seguir por cada empresa es un proceso individual que depende de las características internas de la empresa y de las del entorno en el que está situada, pudiendo combinar de forma diversa las tres estrategias básicas identificadas: comprar, hacer y cooperar. ¿De qué depende el mayor énfasis en una u otra? Fundamentalmente del tipo de conocimiento básico que necesita cada empresa o, más bien, cada sector empresarial, porque se pueden encontrar ciertos patrones en las empresas que pertenecen a los diversos sectores empresariales.

Los investigadores suecos Bengt-Åke Lundvall y Björn Johnson establecieron en 1994 una clasificación sobre los tipos de conocimientos que se necesitan en los procesos de innovación, muy útil para comprender los diversos canales y mecanismos mediante los cuales tiene lugar el aprendizaje:

Saber qué se refiere al conocimiento de hechos o sucesos. *Saber por qué* se refiere al conocimiento científico de los principios y las leyes de la naturaleza o sociales. *Saber cómo* se refiere a las habilidades o la capacidad para hacer algo. En el ámbito de la innovación, una de las razones más importantes para la interacción con otros actores del sistema es la necesidad de que las empresas puedan compartir y combinar elementos de este tipo de conocimiento. *Saber quién* significa tener información sobre quién sabe qué y quién sabe cómo hacer qué; es la información básica para establecer relaciones sociales especiales, que permiten obtener acceso a los expertos y utilizar sus conocimientos de manera eficiente.

A partir de esta clasificación y de otras ya disponibles en la literatura que se refieren a otras características de los conocimientos (tácito y codificado; explícito e implícito; local y global), estos investigadores y otros colegas establecen dos modos de innovar y de aprender en las empresas. El denominado "modo STI" (*Science, Technology and Innovation*) se refiere a la manera en que las empresas usan y desarrollan conocimiento de tipo científico en el contexto de sus actividades innovadoras, proceso en el cual el departamento de I+D desempeña un papel muy activo, no solo mediante la creación de nuevo conocimiento a partir de su base previa, sino también mediante la interacción con científicos externos que desarrollan su actividad en instituciones científicas. En este proceso de interacción se manejará conocimiento explícito y codificado, es decir, escrito, en forma de artículos, metodologías, protocolos o patentes, pues es la forma de que pueda ser compartido por los que interactúan en el proceso. Estos autores proponen, como indicadores para poder identificar la prevalencia de este modo de innovación, el gasto en actividades para generar conocimiento, el personal con formación científica y la colaboración con los científicos vinculados a las universidades e institutos de investigación. Este modo de innovar predomina en muchos de los sectores denominados "de alta tecnología", que son el farmacéutico, el de maquinaria de oficina y material informático, el de componentes electrónicos, aparatos de radio, televisión y comunicaciones, el de instrumentos médicos, de precisión, óptica y relojería, y el de construcción aeronáutica y espacial.

Mientras que la base de la innovación en las empresas de los sectores antedichos es el conocimiento científico, en la mayoría de los sectores industriales —alimentación, textil, calzado, muebles, fabricación de maquinaria, etc.— las innovaciones tienen lugar en el interior de las empresas, cuando sus empleados se enfrentan a nuevos problemas o desafíos. La búsqueda de soluciones aumenta las habilidades y el saber hacer de los empleados y amplía sus capacidades, pues aprenden por la práctica. Como algunos de los problemas son específicos y otros son genéricos, el aprendizaje proporciona al empleado ambos tipos de competencias. Cuando el proceso es complejo, ha de implicar múltiples interacciones entre los empleados de diferentes secciones de la empresa, dando lugar a nuevas rutinas compartidas; esta forma de innovar se denomina "aprendizaje por el uso". Tanto el aprendizaje por la práctica como por el uso implican interacciones entre personas y departamentos, que suelen ser informales y sirven para transmitir el conocimiento tácito; pero también se interactúa con proveedores de maquinaria y equipamiento o de servicios empresariales, que proveen a la empresa de los conocimientos o equipos que no tiene. Lundvall y Johnson lo denominan el "modo DUI de innovación" (*Doing, Using, Interacting*), que se basa en el saber hacer y el saber quién, ambos usualmente localizados en el interior o en las proximidades de la empresa. Como indicadores de este modo de innovar, los autores proponen la existencia de grupos de trabajo interdisciplinares, círculos de calidad y otras prácticas empresariales orientadas a identificar las prácticas de trabajo común, así como la cooperación con consumidores. En su estudio empírico sobre una muestra de empresas danesas, los autores concluyen que es posible identificar empresas donde predominan uno de los dos modos citados, pero que, en general, los dos coexisten y son complementarios, por lo que concluyen que las políticas de innovación y otras relacionadas, como la educativa, deberían tenerlo en cuenta a la hora de diseñar sus enfoques e instrumentos.

Profundizando en lo anterior, el investigador nórdico Bjørn T. Asheim y sus colaboradores (2007) argumentan que los procesos de innovación de las empresas son particularmente dependientes de su base de conocimiento específica y distinguen dos tipos: sectores cuyo conocimiento de base es *analítico*, donde el conocimiento científico es muy importante y la creación de nuevo conocimiento se basa en procesos cognitivos racionales, en modelos formales, donde las empresas disponen de departamentos en los que se genera nuevo conocimiento de forma sistemática, pero en las que también es importante la cooperación con universidades y organismos de investigación en los procesos de innovación y donde, por ello, los *inputs* y *outputs* de conocimiento son mayoritariamente codificados (artículos en revistas científicas o patentes). En estos sectores es más frecuente la obtención de productos y procesos radicalmente nuevos que en otros contextos y, a veces, surgen nuevas empresas (*spin off*) para llevarlos a cabo. Por su parte, los sectores cuyo conocimiento de base es *sintético* son aquellos en los cuales la innovación tiene lugar principalmente mediante la aplicación de conocimiento disponible o mediante nuevas combinaciones de conocimiento, para resolver problemas que han surgido de las interacciones con proveedores y clientes o para crear productos ligeramente diferentes a fin de penetrar en nuevos mercados, con un gran componente de ingeniería, pero en los que la generación de nuevo conocimiento es menos importante. El conocimiento se desarrolla mediante procesos inductivos, experimentación, pruebas o trabajo práctico, en general con un elevado componente tácito, es decir, un conocimiento acumulado por las personas o los grupos sociales difícil de expresar de forma sistematizada, poco visible y difícil de compartir por los medios tradicionales, obtenido mediante el aprendizaje por la práctica, el uso o la interacción. Usualmente, de estos procesos surgen innovaciones incrementales que modifican los procesos y productos existentes.

A fin de dar cabida a las industrias culturales y creativas[11] en su aproximación, estos mismos investigadores propusieron posteriormente añadir a los dos anteriores un nuevo tipo de base de conocimiento, el denominado "simbólico". En este sector, la innovación se produce por la nueva forma de recombinar conocimiento existente para dar lugar a atributos estéticos de los productos, a la creación de diseños e imágenes y al uso económico de artefactos culturales; en los sectores en los que domina esta base de conocimiento, es crucial la creación de nuevas ideas e imágenes, y no tanto la de nuevos productos, lo que requiere habilidades especiales para la interpretación de símbolos más que el mero procesamiento de información. El conocimiento es incorporado y transmitido mediante símbolos estéticos, imágenes, diseños, sonidos y narrativas y, para ello, se necesita comprender los hábitos, las normas y la cultura de un grupo social específico. En estos sectores es muy importante la interacción con otros profesionales o artistas, pues de ahí surgen ideas o aproximaciones nuevas. En los procesos de innovación se requiere saber cómo, pero también quién, qué potenciales colaboradores con capacidades complementarias son necesarios; pues en este sector es típico que la producción se lleve a cabo por proyectos, como es el caso de la producción de películas, obras teatrales o grabaciones musicales, o las intervenciones en el patrimonio histórico, en los que cada vez puede participar un grupo diferente de profesionales.

Prácticamente en todos los sectores se necesitan en alguna medida los demás tipos de conocimientos, pero lo importante, a fin de diseñar estrategias y modos de innovar adecuados, es el tipo de conocimiento que se encuentra en la base del sector y que lo caracteriza.

---

11. Las industrias culturales incluyen tradicionalmente los sectores siguientes: artes escénicas, artes plásticas, audiovisual y multimedia (música, televisión, cine), libros y prensa, patrimonio y archivos y bibliotecas y artesanía. Recientemente se ha acuñado el término industria creativa para incluir, además, otras actividades en las que el producto o servicio contiene un elemento artístico o creativo relevante, como el diseño industrial, la producción de software, la arquitectura y la publicidad.

¿Cuáles son las actividades que conducen a la innovación?

Como ya se ha indicado, la innovación es un proceso complejo que varía mucho de unas empresas a otras y, sobre todo, de unos sectores a otros. Una vez identificado el objetivo, dentro de la empresa se desencadenan una serie de actividades que finalizan con la introducción en el mercado del nuevo producto o servicio, o con el funcionamiento del nuevo proceso productivo. En términos amplios estas actividades pueden dividirse en dos grandes grupos: unas le permiten adquirir o generar los nuevos conocimientos que necesita para innovar y otras están más relacionadas con la preparación de los procesos de producción y de comercialización.

El *Manual de Oslo* de 2018 agrupa las actividades más relevantes para innovar en ocho tipos: investigación y desarrollo experimental; ingeniería, diseño y otras actividades creativas; comercialización y marca; protección de la propiedad industrial e intelectual; formación de los empleados; desarrollo de software y bases de datos relacionados con la innovación; adquisición o arrendamiento de bienes materiales; gestión de la innovación. Entre las actividades que una empresa puede realizar para crear e incorporar nuevos conocimientos se encuentran las de investigación y desarrollo tecnológico, que se engloban en las siglas I+D, pero tienen unas características diferentes. La investigación se define como el conjunto de trabajos creativos que se emprenden de modo sistemático con el fin de aumentar el volumen de conocimientos, así como su uso para concebir nuevas aplicaciones. Hay dos aspectos destacables de esa definición (creatividad y sistematización) que constituyen la esencia de la investigación, pues sin creatividad no cabe esperar la creación de conocimiento nuevo, que no sea una consecuencia del disponible, y sin sistematización la actividad perdería el rigor y la economía de esfuerzos que se le debe exigir. Dentro de la investigación, se consideran dos tipos: la investigación *básica*, que se orienta a analizar propiedades, estructuras y relaciones, con el fin de formular y contrastar hipótesis, teorías o leyes, pero no está dirigida a una aplicación o utilización determinada, y la *aplicada*, que se emprende para determinar los posibles usos de los resultados de la investigación básica, o para determinar nuevos métodos o formas de alcanzar objetivos específicos predeterminados. Como se aprecia, la diferencia entre ambas radica en la intención o el objetivo que persigue el investigador: el conocimiento por sí mismo o su aplicación. En las empresas se lleva a cabo investigación aplicada, aunque en algunos sectores de alta tecnología las empresas dedican una parte pequeña de su esfuerzo a la investigación básica, pues el conocimiento profundo de su ámbito científico a la larga les puede dar ventajas competitivas. Recuérdese, por ejemplo, que cinco investigadores premiados con el Nobel desarrollaron sus carreras científicas en la empresa americana International Business Machines (IBM), que en 2011 celebró su centenario y cuenta con 12 laboratorios de investigación en diversos países del mundo.

Por su parte, el desarrollo experimental consiste en trabajos sistemáticos basados en conocimientos existentes que se dirigen a la fabricación de nuevos materiales, productos o dispositivos; a establecer nuevos procesos, sistemas y servicios; o a la mejora sustancial de los ya existentes. En el desarrollo experimental se incluye la construcción de prototipos del aparato que se está queriendo desarrollar y las pruebas con esos prototipos para comprobar que verdaderamente funciona. En el caso de una industria química, mientras que los ensayos de laboratorio de un nuevo producto o proceso forman parte de las actividades de investigación, cuando el proceso se ensaya en planta piloto, es decir, en reactores de mayor tamaño, ya se considera que se está en la fase de desarrollo. En el caso de la informática, por poner otro ejemplo, se considera investigación a la creación de nuevos lenguajes de programación, mientras que el desarrollo de nuevas aplicaciones de un software, o las mejoras notables en los sistemas operativos se consideran desarrollo experimental.

Dentro de las actividades que permiten a la empresa adquirir y generar conocimientos nuevos, las actividades de

I+D son las de mayor importancia cualitativa, pues son las que representan un mayor aumento relativo de los conocimientos generados en el proceso innovador, pero no son la única fuente de nuevos conocimientos o tecnologías para las empresas. Para poder producir los nuevos productos o procesos, las empresas suelen necesitar adquirir materiales, maquinaria y equipos de los cuales no disponen. En muchas empresas, especialmente las pequeñas y las de los sectores tradicionales, esta es una de las principales vías de innovación tecnológica, tal como ponen de manifiesto los datos recogidos anualmente en las encuestas de innovación.

Pero las empresas que acometen el desarrollo de un nuevo producto o proceso también pueden necesitar adquirir conocimientos de los que no disponen, pero, o bien no tienen capacidad para obtenerlos, por ejemplo, porque no tienen personal cualificado para ello, o el que tienen ha de dedicarse a otras labores, o bien no tiene sentido que intenten desarrollarlos dentro de la empresa porque no forman parte de la base de conocimiento propia de esta. En estos casos, las empresas compran esos conocimientos y la forma de adquisición es diversa: por ejemplo, pueden necesitar adquirir la licencia de uso de una patente o de otro tipo de invenciones no patentadas, o pueden solicitar —y pagar— informes de muy diversa naturaleza, incluso, lo cual es muy frecuente, solicitar servicios de I+D a otras entidades que cuentan con recursos humanos y con equipos adecuados para que lleven a cabo actividades que no pueden realizar en sus propias instalaciones, por ejemplo, empresas de servicios de I+D, centros tecnológicos, universidades y organismos públicos de investigación, etc.

Por ejemplo, una bodega que quiera mejorar el proceso de estabilización de sus vinos seguramente habrá empezado por identificar que algunos llegan al consumidor con precipitaciones indeseadas y tendrá que realizar una investigación para identificar las causas. Por si el problema se hubiera producido durante el proceso de fermentación, es posible que tenga que contratar una investigación a un grupo de investigación universitario especialista en levaduras vínicas, que, por ello, dispone de instalaciones de laboratorio capaces de llevarlos a cabo. Al finalizar sus propias investigaciones y las del grupo, se puede llegar a la conclusión de que el sistema de estabilización del que disponen no es adecuado para ese vino en particular y que es preciso adquirir otro a un fabricante especializado. Una vez adquirido el nuevo equipo y puesto a punto, seguramente será preciso realizar ensayos para comprobar que el problema ya no existe. En este caso, se ha combinado la actividad de I+D propia con la adquisición de conocimiento externo.

Para poder producir el nuevo producto o servicio o para poner en marcha el nuevo proceso productivo se deben llevar a cabo otras actividades que se agrupan entre las denominadas "actividades creativas", como la ingeniería, el diseño o el desarrollo de conceptos para la innovación. Respecto a la preparación para la venta, el lanzamiento comercial de los productos nuevos o mejorados incluye investigaciones previas de mercado, pruebas de mercado y el lanzamiento de la campaña de publicidad, así como la presentación de los nuevos productos en ferias. Entre los preparativos para las innovaciones comerciales se incluyen las actividades de planificación, desarrollo y puesta en marcha de nuevos sistemas de comercialización que la empresa nunca haya utilizado en alguno de los aspectos siguientes: en el diseño y presentación del producto, en la política de precios, en el posicionamiento del producto y en su promoción.

Una actividad muy importante cuando se lanza un nuevo producto o servicio y se comienza a utilizar un nuevo proceso es formar al personal de producción, a fin de que desarrolle las habilidades necesarias para realizar su trabajo en la nueva situación; y a los comerciales, para que puedan informar a los clientes sobre las características del nuevo producto y sus ventajas. La creciente importancia de las TIC en los procesos de innovación de todo tipo de empresas ha llevado a incluir las actividades relacionadas (desarrollo de software y bases de datos para la innovación, almacenamiento en la nube, servicios de apoyo) entre las actividades innovadoras, cuando estas forman parte de los procesos de innovación; piénsese, a este respecto, en los sistemas de gestión del conocimiento que permiten a las empresas almacenar y compartir documentos, ideas y experiencias relacionadas con la innovación.

También son relevantes —y costosas— las actividades encaminadas a proteger los nuevos conocimientos y aplicaciones generados por la empresa por el mecanismo más adecuado para ello, en función del tipo de conocimiento y de la legislación vigente en el país (patentes, derechos de autor, obtenciones vegetales, marcas, etc.), así como a adquirir las licencias de uso de las patentes o derechos de autor de otras empresas o entidades; todo ello requiere una gestión muy específica, y más en el contexto internacional, como es el que suele operar la innovación. La gestión de los procesos de innovación es, para finalizar, una actividad muy relevante en una empresa innovadora; incluye todas las actividades sistemáticas para planear, dirigir, gestionar y controlar los recursos, humanos y materiales, internos y externos, dedicados a la innovación; y su importancia ha justificado la elaboración de una norma (guía) específica por parte de la Organización Internacional de Normalización (ISO), la ISO 56002:2019; esta norma ha sido traducida al español en 2020 por el Comité Técnico ISO/TC 279 (gestión de la innovación), en el que participan representantes de organismos nacionales de normalización y representantes empresariales de 10 países iberoamericanos.

CAPÍTULO 5

Evolución conceptual de los procesos de innovación

Los estudiosos de la economía han estado de acuerdo en la importancia del cambio tecnológico como fuente de dinamismo en las economías capitalistas, pero ello contrastaba con la práctica ausencia de trabajos para profundizar en el conocimiento de este factor hasta hace relativamente poco tiempo. Chris Freeman, economista británico al que ya citamos en el primer capítulo como uno de los investigadores más influyentes en el ámbito de la innovación, en un interesante artículo en el que describe las investigaciones que se han llevado a cabo sobre el proceso de innovación, resume algunas de las razones recogidas por los expertos. La más extendida era la de la "caja negra", según la cual el cambio tecnológico estaba fuera de las competencias de los economistas por su alto componente técnico y, por ello, su estudio debía ser abordado por ingenieros y científicos. Con esta creencia de fondo, la tecnología era considerada un factor exógeno a la economía, lo que significa que el cambio tecnológico se genera al margen de la actividad económica y se encuentra al alcance, por igual, de todas las empresas. Otras razones para que se haya dado esta circunstancia han sido la falta de datos cuantitativos sobre estos procesos y la preocupación por otros aspectos de la economía.

Como ya se comentó, esta situación comenzó a cambiar en la década de los ochenta del siglo pasado y desde entonces se ha generado una corriente de pensamiento económico con la que ha aflorado una preocupación por el estudio de estos procesos. A partir de los años noventa, se puede decir que dicha preocupación ha calado hondo también en los poderes públicos. Todos los organismos internacionales con objetivos más o menos relacionados con el desarrollo (no solo el crecimiento) económico muestran entre sus preocupaciones el interés por conocer cómo surge la innovación y qué factores la favorecen, para poder llevar a cabo políticas que impulsen el desarrollo de los territorios y la calidad de vida de sus poblaciones. En paralelo, surge un buen número de investigadores que estudian estos procesos desde diversas perspectivas científicas (economía, gestión, sociología, filosofía…).

Tradicionalmente se hacía más hincapié en las innovaciones tecnológicas y en las que, no siéndolo, aportaban beneficios económicos; a partir de estos años se incide, cada vez más, en la importancia de las innovaciones sociales. Se empieza a insistir en que la innovación es, ante todo, un proceso sociocultural más que tecnológico, y que deben equilibrarse ambos procesos. Para alcanzar los objetivos del milenio con vistas a favorecer un desarrollo sostenible e inclusivo, organizaciones como Naciones Unidas y comunidades como la UE empiezan a sugerir que las prioridades y, por lo tanto, los procesos de la ciencia, la tecnología y la innovación deben ser reorientados.

Los modelos del proceso de innovación: de la carrera de relevos a las interacciones y participaciones de múltiples actores

Si bien Schumpeter no desarrolló un modelo formal sobre cómo se llevan a cabo los procesos innovadores ni tampoco dedicó mucha atención a identificar el papel de la ciencia en ellos, planteó una distinción que serviría de base para avanzar en este campo. Subrayó la necesidad de distinguir entre invención e innovación, pues una innovación es posible sin una invención y, viceversa, una invención necesariamente no induce a una innovación. Además de estas dos categorías, distinguió también la innovación de la difusión, siendo esta última el proceso mediante el cual la innovación es adoptada por otros agentes económicos distintos a los que la han desarrollado. Aunque este autor estableció poca dependencia de la innovación con respecto a la invención, la secuencia invención-innovación-difusión fue empleada posteriormente por otros autores para describir el proceso innovador. Es así como fueron surgiendo, a partir de la década de 1950, diferentes modelos teóricos que, a pesar de sus diferencias, se caracterizaban por presentar la innovación como una secuencia de actividades o fases que tenía como punto de partida la generación de nuevo conocimiento. Esta interpretación de la innovación es lo que en términos genéricos se ha denominado "modelo lineal de innovación".

Se ha debatido ampliamente sobre el origen del modelo lineal, sin que aún exista un consenso general sobre ello. Una de las versiones más extendidas es la que reconoce las bases de este planteamiento en el informe que Vannevar Bush presentó al presidente Roosevelt, en 1945, titulado *Ciencia, la frontera sin fin*. Este informe era la respuesta a una carta que el presidente de EE UU dirigió el 17 de noviembre de 1944 al doctor Vannevar Bush, a la sazón director de la Oficina de Investigación Científica y Desarrollo. En su carta, el presidente le decía:

La Oficina de Investigación Científica y Desarrollo, de la que usted es director, representa un experimento único de trabajo en equipo y cooperativo para coordinar la investigación científica y aplicar el conocimiento científico existente a la solución de los problemas técnicos primordiales en la guerra. Su labor se ha realizado en el más absoluto secreto y se ha llevado a cabo sin reconocimiento público de ningún tipo, pero sus resultados tangibles se pueden encontrar en los comunicados que llegan desde los campos de batalla de todo el mundo. Algún día se podrá contar toda la historia de sus logros.

Sin embargo, no hay razón para que las lecciones aprendidas en este experimento no puedan ser provechosamente utilizadas en tiempos de paz. La información, las técnicas y la experiencia de la investigación desarrollada por la Oficina de Investigación Científica y Desarrollo y por los miles de científicos de las universidades y de la industria privada deben ser usadas en tiempos de paz para mejorar la salud nacional, para la creación de nuevas empresas que generen nuevos empleos, y para mejorar el nivel de vida nacional.

Y, a continuación, le pedía recomendaciones sobre cuatro asuntos de máxima importancia para EE UU en la época (seguridad militar, medicina y salud, apoyo a la investigación pública y privada, y cómo identificar el talento científico para mantener el nivel de la ciencia alcanzado).

El doctor Bush le contestó el 25 de julio de 1945 con una carta que finalizaba de la siguiente forma: "El espíritu pionero sigue siendo vigoroso en esta nación. La ciencia ofrece un fondo, en gran parte inexplorado, al pionero que tenga herramientas para esta tarea. Las recompensas de esa exploración, tanto para la nación como para el individuo, son grandes. El progreso científico es esencial para lograr nuestra seguridad como nación, para mejorar nuestra salud, para crear puestos de trabajo, para alcanzar un nivel de vida más alto, y para nuestro progreso cultural", y le adjuntaba el informe antes mencionado. En dicho informe se destacaba el papel central que el conocimiento científico desempeña en el progreso industrial y la necesidad de generar una sólida base científica nacional como requisito para el desarrollo económico del país. El informe afirmaba que, si se desea lograr algo tan concreto como generar nuevos puestos de trabajo en un país o desarrollar nuevos productos y procesos, es preciso invertir en investigación básica, ya que esta, mediante una serie de etapas intermedias, garantiza el logro de tal objetivo. En otras palabras, identificaba, como origen de las innovaciones, el conocimiento generado mediante la investigación básica. Dicha investigación, asimismo, debía ser apoyada y desarrollada asegurando la libertad del científico para definir sus áreas de trabajo y guiada por el objetivo de aumentar el acervo de conocimiento existente. De hecho, Bush destacó la necesidad de que los científicos trabajen en temas de su propia elección, según les dicte su curiosidad por la exploración de lo desconocido, y libres de lo que llamó la "presión adversa de la convención, el prejuicio o la necesidad comercial". En este sentido, el autor estableció que la aplicación y explotación económica del conocimiento generado mediante la investigación básica se llevaría a cabo en otros ámbitos y mediante otras actividades, como, por ejemplo, la investigación aplicada desarrollada en los laboratorios empresariales de I+D.

Aunque en el informe de Bush hay una descripción de la importancia de la ciencia para el progreso socioeconómico, algunos autores consideran que en dicho informe no se encuentra una construcción explícita del modelo lineal de innovación, por lo menos en toda su extensión. Benoît Godin, por ejemplo, afirma que lo más lejos a lo que llegó Bush fue a establecer una relación entre investigación básica y aplicada, pero en ningún momento planteó o desarrolló un argumento basado en un proceso secuencial mediante el cual la ciencia proporciona beneficios económicos. En este sentido, el autor sostiene que el modelo lineal de innovación difícilmente puede ser catalogado como la invención espontanea surgida de la mente de un solo individuo, sino que representa más bien el producto de una línea de pensamiento en la que convergieron especialistas de distintas comunidades científicas a lo largo de varias décadas. Primero fueron los científicos naturales, que desarrollaron la retórica sobre la investigación básica como fuente de la investigación aplicada o la tecnología. Después, los investigadores industriales, que estudiaron la gestión industrial de la investigación y el desarrollo de tecnología. Finalmente, los economistas, que introdujeron el concepto de innovación. Estas tres comunidades fueron incorporando su propio término al modelo (investigación, desarrollo tecnológico, innovación), culminando así la secuencia.

En el modelo lineal, el proceso innovador sigue, consecutivamente, las etapas de investigación básica, investigación aplicada, desarrollo tecnológico, producción y lanzamiento al mercado de la novedad y su difusión, con la que cierran el proceso de innovación. Una imagen que representa bien este modelo es la de una carrera de relevos, en la que cada uno de los corredores corre cediendo el testigo al siguiente atleta al finalizar su tramo, único momento en el que entran en interacción los corredores. En el modelo, existe una clara división del trabajo a lo largo de toda la secuencia, en la que participan diferentes actores, que actúan atendiendo a lógicas también distintas. Así, la investigación básica es típicamente conducida en las universidades e institutos de investigación, mientras que la aplicada y el desarrollo tecnológico son llevados a cabo en las empresas, especialmente aquellas con un fuerte departamento de I+D.

En este modelo, el proceso se inicia en la etapa de investigación básica, lo cual no siempre sucede en la realidad, pero tiene la ventaja de facilitar la comprensión del proceso y la identificación de los resultados en cada una de las etapas. El modelo se adapta bien a la hipótesis de la innovación "impulsada por la ciencia" (*science push*) que prevalecía en los años cincuenta y sesenta del siglo pasado. Según este modelo, para favorecer la innovación lo importante era fomentar las inversiones en ciencia básica y aplicada, porque las empresas ya sabrían después aprovechar todo ese esfuerzo —esencialmente público— en sus procesos productivos; el éxito radicaba en la gestión eficaz de estas inversiones. Ciertos sectores industriales, como el farmacéutico o el de los instrumentos científicos, cuyos principales *inputs* provienen de la investigación científica, encajan en el modelo, pero ni siquiera completamente.

Este modelo también se adapta bien a la hipótesis del "tirón de la demanda" (*demand pull*), que se desarrolló a principios de los años sesenta y se basaba en la percepción de que las demandas del mercado son las que orientan la dirección y la velocidad del desarrollo de las nuevas tecnologías. El éxito de este modelo descansa en el acierto de haber identificado, en el inicio del proceso innovador, el papel que desempeña la identificación de las necesidades de los clientes, y en una eficaz inversión en actividades de *marketing*; además, se aplica muy bien a innovaciones en productos existentes, a los que se añaden nuevas funcionalidades.

Estos dos modelos se fusionaron en los años ochenta, cohabitando naturalmente y siguiéndose uno u otro en función de la fase del proceso de innovación; y, por lo tanto, la concepción del proceso de innovación basculaba entre las necesidades de los clientes y la investigación. El mayor o menor éxito del proceso radicaba en la comunicación, dentro de la empresa, entre *marketing* e investigación.

Aunque el modelo lineal llegó a ser el pensamiento convencional en materia de ciencia e innovación durante las décadas del cincuenta al setenta y, lo que es más importante, la base conceptual de las políticas científicas y tecnológicas durante esos años, lo cierto es que no tardaron en aparecer las primeras críticas a su validez para representar los procesos de innovación. La más relevante fue la de los investigadores americanos Stephen J. Kline y Nathan Rosenberg en su trabajo "An Overview of Innovation" (1986), en el cual describían sus reflexiones sobre una serie de casos de innovación analizados, cuestionando varios de los pilares del modelo lineal. En primer lugar, estos autores indicaron que la mayor parte de las innovaciones se desarrollan mediante la aplicación del conocimiento disponible y que las empresas recurren a la investigación solo cuando el conocimiento existente resulta insuficiente para resolver un problema específico. Esta idea se deriva, en gran parte, del reconocimiento de la innovación como un proceso de naturaleza continua, basado más en el desarrollo de mejoras incrementales en los productos, procesos y prácticas existentes, que en la transformación radical de los mismos. Así, estos autores señalan que, si bien el conocimiento científico se encuentra generalmente en la base de las innovaciones radicales, estas últimas son solamente un pequeño porcentaje de las innovaciones que tienen lugar en una economía.

Otro aspecto debatido por Kline y Rosenberg fue la dirección de la relación entre conocimiento e innovación. Ellos encontraron que muchos de los desarrollos tecnológicos de la sociedad moderna no han dependido de la investigación básica y que, además, en no pocos casos la tecnología ha proporcionado insumos importantes para la investigación científica, ya sea proponiendo problemas a resolver o facilitando la instrumentación necesaria. En otras palabras, no solo cuestionaron que el desarrollo tecnológico dependiera del conocimiento científico, sino también plantearon que la relación entre estas actividades puede seguir, en ocasiones, un flujo inverso al descrito por el modelo lineal.

No obstante, la crítica más fuerte que estos dos autores hacen del modelo lineal se encuentra en la naturaleza misma del proceso innovador. Para ellos, los sistemas que se emplean en los procesos de innovación se encuentran entre los más complejos —tanto social como tecnológicamente— conocidos y los requisitos para obtener éxito de estos procesos difieren de unos casos a otros, por lo que el uso de modelos simplistas puede perjudicar su análisis. La innovación, pues, posee un carácter interactivo y complejo; no es el resultado de un proceso secuencial que tiene un punto de partida claramente definido, sino el producto de un conjunto de actividades que pueden tener lugar simultáneamente y, sobre todo, que se retroalimentan mutuamente. Estos argumentos se encuentran sintetizados en el modelo que describen en su texto, el que denominaron "modelo de enlaces en cadena", donde destacan los continuos flujos de conocimiento y de cooperación que se dan en las distintas etapas del proceso innovador.

Este modelo sitúa la empresa en el centro del proceso, pues es donde se identifica la necesidad del mercado que se pretende satisfacer y donde se elabora la concepción analítica del nuevo producto o proceso que, una vez desarrollado, será producido y comercializado. El modelo interactivo establece que las etapas básicas del proceso de innovación tienen lugar en la empresa y se desarrollan de forma óptima cuando en el proceso participan activamente todos los departamentos o unidades de la empresa que pueden efectuar aportaciones relevantes a su desarrollo (comercial, técnico, producción…). Cuando la empresa no dispone de los conocimientos científicos o técnicos que precisa, acude al exterior para conseguirlos, siempre que estén disponibles o a su alcance y, para ello, se relacionan con suministradores de materiales o bienes de equipo, con centros técnicos, universidades, etc. En caso de no encontrarlos, puede obtenerlos realizando actividades internas de I+D, contratando dichas actividades a entidades externas o colaborando con ellas para obtenerlos. En cualquier etapa del proceso de innovación se producen interacciones entre la empresa que innova y otras empresas o entidades, y estas interacciones serán más abundantes y, sobre todo, más fructíferas si los diversos agentes las gestionan adecuadamente y lo hacen conociendo el contexto general en el que se desenvuelven.

El trabajo de Kline y Rosenberg, junto con los realizados por otros investigadores en este campo, configuraron una visión sobre el proceso innovador muy diferente a la derivada del modelo lineal. En esta visión, el conocimiento científico deja de ser considerado el único posible punto de partida de la innovación y se reconoce la importancia de otras clases de conocimiento, como el técnico o el tácito, como fuente para el desarrollo de nuevos productos y procesos. Este enfoque muestra que el incremento de las actividades científicas no implica necesariamente un aumento paralelo de la producción de innovaciones, ni siquiera cuando se analizan exclusivamente las innovaciones tecnológicas. Para que eso ocurra, es preciso que los resultados de aquella lleguen a las empresas e involucren a estas en su adecuación y utilización en procesos productivos. Por lo tanto, como ya se ha expuesto, no todos los resultados de I+D conducen a productos o procesos económica o funcionalmente utilizables.

Este carácter interactivo que se le atribuye al proceso innovador es probablemente el rasgo más importante de esta nueva visión de la innovación. De él se desprenden importantes implicaciones, no solo en la forma en que se organiza la innovación en el contexto de la empresa, sino también en la manera en que esta tiene lugar en el plano social. Así, mientras que en el modelo lineal se prima la autonomía e independencia de los diferentes actores sociales, en el marco de esta nueva visión la interacción entre los mismos es un aspecto fundamental. La innovación pasa a ser considerada un proceso social, colectivo y dinámico, que se lleva a cabo en las empresas, con la participación de sus diversas unidades, y mediante una relación activa con otros actores e instituciones (científicas, industriales o gubernamentales).

Con posterioridad, a partir de mediados de la primera década del siglo XXI, Chesbrough introduce el modelo de "innovación abierta" (*open innovation*), que se ha difundido extensamente y se adecua sobre todo a las grandes empresas que fueron las que analizó este autor en EE UU. Chesbrough contrapone el término "innovación abierta" a la "innovación cerrada" que encontró cuando analizó la innovación en algunas grandes empresas americanas. Constató que las empresas que practicaban la "innovación cerrada" innovaban esencialmente con los conocimientos internos que disponían, utilizando muy poco los conocimientos externos existentes o la I+D desarrollada por actores externos. Su modelo de innovación abierta rompe con el "síndrome de inventado aquí", muy extendido entre estas empresas y que está detrás del éxito de las grandes corporaciones americanas del siglo XX, como las empresas químicas y eléctricas o el caso de Apple, y sugiere "sustituir el inventado aquí por orgullosamente encontrado en otra parte". Expone que los factores que llevan a las empresas a cambiar de modelo son, entre otros, el aumento de los costes de la I+D, la enorme movilidad de expertos y técnicos, el aumento de personas formadas en las universidades, el incremento de la difusión del conocimiento, la mejora de la capacidad de los proveedores, la velocidad en la aparición de nuevos productos, ciclos de vida tecnológicos más cortos como en el caso de los teléfonos móviles o memorias de disco, y la gran disponibilidad de capital riesgo.

La "innovación abierta" constituye una variante del modelo interactivo en el que la colaboración y la gestión de los diferentes actores se realiza en tiempo real mediante la utilización de las nuevas tecnologías. Con respecto al modelo interactivo clásico, sus aportaciones son más de carácter operativo que teórico. Así, propone la utilización del conocimiento externo en cualquier momento del proceso innovador, el aprovechamiento de los resultados obtenidos no solo para los productos dirigidos al mercado en el que se desenvuelve, sino para la creación de nuevas empresas dirigidas a nuevos mercados o la transferencia a otras empresas de los nuevos conocimientos (protegidos o no por patentes) que no son útiles para sus mercados. En este submodelo, las empresas se dotan, pues, de una gestión estratégica del conocimiento tecnológico disponible o en estadio de creación.

Estos enfoques economicistas de la innovación muy ligada a las empresas reciben críticas cada vez mayores de diferentes autores, que aducen que esta innovación no es siempre positiva, no conduce automáticamente al bienestar humano y nos lleva a pautas de consumo que no son sostenibles y que requieren grandes cantidades de insumos no renovables. Por lo tanto, se necesita una profunda transformación de cómo se concibe la innovación para que influya más en el bienestar social y ayude a solucionar los grandes desafíos que tiene planteados la sociedad. Esto no es óbice para reconocer que el éxito de las innovaciones empresariales reside en muchas ocasiones en las importantes innovaciones sociales que las acompañan. Como ejemplos, se pueden mencionar desde el automóvil a las lavadoras y los electrodomésticos en general, o los servicios que ha permitido internet, como la reproducción en línea de productos audiovisuales o la compra a distancia en supermercados virtuales, entre otros muchos.

Emerge así, al inicio de la década de 2010, el concepto de "innovación transformativa", que plantea que los territorios tienen la posibilidad de escoger el tipo de ciencia a desarrollar y la innovación a aplicar. No se centra esencialmente en las empresas, sino que considera que todos los actores del sistema de innovación pueden ser innovadores, incluidos los usuarios, la sociedad civil, los consumidores y las poblaciones marginadas. La reorientación de esta innovación es realizada de abajo arriba y requiere una amplia participación social

La reorientación de la innovación requiere, en palabras de Frank W. Geels y Johan Schot, conjugar lo técnico con lo social y producir cambios en los sistemas sociotécnicos, que no se podrían producir solo con la ayuda de la ciencia, la tecnología y la innovación. Estos son sistemas complejos compuestos por tecnologías, conocimientos, infraestructura, mercados, gobernanza y regulación, cultura, y estructuras de la industria que evolucionan, interactúan y se refuerzan mutuamente.

Los sistemas sociotécnicos actuales deben ser sustituidos, porque son poco compatibles con la sostenibilidad del planeta y porque el poder asociado a ellos está concentrado en actores alejados de las realidades de la mayoría de las personas. Los nuevos sistemas sociotécnicos deben producirse en espacios en los que participen todos los actores del sistema de innovación y en los que se busquen mejoras de las situaciones socioeconómicas, políticas y ambientales. Un ejemplo de innovación transformativa podría ser la sustitución del actual sistema centralizado de producción de energía basada en combustibles no renovables y contaminantes y el uso intensivo de la energía por otro nuevo, basado en una producción descentralizada de energías renovables limpias junto con una reducción del consumo. Esto ayudaría a mitigar el cambio climático, pero, para llegar más lejos, se necesitarían cambios de comportamiento en aspectos como nuestras expectativas y normas sociales relacionadas con las pautas de consumo, viajes, comodidad, etc.

Si en los procesos de innovación participan diversos actores, ¿esto puede ser un sistema?

El reconocimiento del componente institucional como una variable clave para explicar los procesos de cambio tecnológico y su impacto en el desarrollo económico constituye uno de los principales aportes de los economistas evolucionistas a la mejor comprensión del funcionamiento de las economías y es, al mismo tiempo, uno de los aspectos que los neoschumpeterianos han echado en falta en la obra del autor. A partir del análisis de este elemento, se ha desarrollado toda una línea de pensamiento, que tiene como uno de sus enfoques más representativos el relacionado con los sistemas de innovación. Esta noción fue concebida a principios de los años ochenta, coincidiendo con la introducción del modelo interactivo antes descrito, y estructurada a principios de los noventa. Es un concepto que surge en la interfaz entre la academia y la política, debido a que los académicos que lo acuñaron y difundieron mantenían una estrecha colaboración con la OCDE y habían participado activamente en el programa TEP que esta organización había impulsado en esa época, como ya se mencionó en el primer capítulo. Respecto a la "paternidad" del concepto, aunque, cuando se les ha preguntado, los dos implicados, Chris Freeman (británico) y Bengt-Åke Lundvall (sueco), han cedido elegantemente al otro ese honor, lo cierto es que el primero en escribir el término completo —"sistema nacional de innovación"— fue Chris Freeman, en un documento, titulado "Infraestructura tecnológica y competitividad internacional" que presentó en 1982 al Grupo de Expertos en Ciencia, Tecnología y Competitividad de la OCDE. Este documento no fue publicado en su día porque al responsable del grupo le pareció que causaría muchos problemas, pues en él se afirmaba que, en el proceso de cambio técnico, desempeñaban un papel muy relevante factores que quedaban fuera del marco de la economía neoclásica imperante. Lundvall, por su parte, utilizó el término "sistemas de innovación" en un cuadernillo sobre las relaciones usuario-productor, publicado en 1985 por la Universidad de Aalborg, cuyo principal propósito era demostrar la importancia de las relaciones entre los productores de innovaciones y los usuarios principales en el desarrollo de innovaciones de producto, y cómo las diferencias de intensidad y forma de esas relaciones repercuten en la velocidad y dirección del cambio técnico en los sectores analizados; a partir de ahí, propusieron un enfoque de análisis de sistemas de innovación (SI).

El enfoque de SI integra algunos de los elementos más característicos de la economía evolucionista —que tiene en cuenta la interacción con el entorno como parte de los resultados económicos— y aborda el análisis de aspectos poco tratados en los planteamientos tradicionales de la corriente neoclásica. Las principales características de este enfoque son, por una parte, que considera la innovación como un proceso dinámico y social basado en el aprendizaje y en la interacción entre los diversos actores; y, por otra, que reconoce que el cambio tecnológico no es una variable externa a la economía, sino que forma parte de ella y el propio sistema económico tiene capacidad para controlarlo y dirigirlo. Eso implica reconocer la profunda relación que hay entre las instituciones, la economía y la tecnología, así como la complejidad inherente a los procesos de innovación.

Pero el concepto no hubiera tenido un desarrollo tan notable de no haber sido por la fructífera colaboración de los investigadores antes citados con organizaciones supranacionales como la OCDE o la Comunidad Europea, debido a la utilidad que ha demostrado tener como herramienta para analizar y comparar procesos de innovación en diferentes niveles de agregación (nacional, regional, sectorial), así como por su ayuda a la hora de definir instrumentos de intervención gubernamental, aspectos ambos de enorme interés para estas organizaciones. Esta es la razón por la que el enfoque de sistemas de innovación ha llegado a convertirse en uno de los más importantes dentro de la teoría de la innovación y uno de los que más proyección ha tenido.

Distintos autores han definido lo que es un SI, generalmente aplicado a un sistema nacional de innovación:

> [...] la red de instituciones en los sectores público y privado cuyas actividades e interacciones inician, importan, modifican y difunden nuevas tecnologías (Chris Freeman, 1987).
>
> [...] los agentes y relaciones que interactúan en la producción, difusión y uso de conocimientos nuevos y económicamente útiles [...] y se localizan dentro o en las fronteras de un Estado (Bengt Åke Lundvall, 1992).

[...] una serie de instituciones cuya interacción determina la capacidad innovadora [...] de las empresas de un país" (Richard Nelson, 1993).

[...] las instituciones nacionales, sus estructuras de incentivos y sus competencias que determinan la velocidad y la dirección del aprendizaje tecnológico (o el volumen y composición de las actividades generadoras de cambio) en un país (Pari Patel y Keith Pavitt, 1994).

[...] la serie de instituciones que conjuntamente o de forma individual contribuyen al desarrollo y difusión de nuevas tecnologías y que proporcionan el marco en el cual los Gobiernos forman e implementan políticas para influir en el proceso de innovación. Por tanto, es un sistema de instituciones interconectadas para crear, almacenar y transferir el conocimiento, competencias y artefactos que definen las nuevas tecnologías (Stan Metcalfe, 1995).

[...] todos los factores —económicos, sociales, políticos, organizacionales y otros— que influyen en el desarrollo, difusión y uso de innovaciones (Charles Edquist, 1997).

Como es posible observar, entre las definiciones anteriores se distinguen dos corrientes de pensamiento. Por un lado está la de aquellos autores que abogan por una concepción simplificada del concepto (Freeman, Nelson, Lundvall), mientras que en el otro extremo se encuentran los autores que ponen un mayor énfasis en las complejidades internas del sistema (Patel y Pavitt, Metcalfe y Edquist). Así, mientras los primeros entienden el SI como el conjunto de actores (públicos y/o privados) y las relaciones existentes entre ellos, los segundos amplían los elementos constituyentes de dicho sistema, poniendo un mayor énfasis sobre el aspecto institucional y el papel que las políticas públicas pueden desempeñar en dicho sistema. Para estos últimos, las "instituciones" comprenden aquellas regulaciones, hábitos culturales, tradiciones sectoriales y rutinas organizacionales que caracterizan el comportamiento de entornos regionales, nacionales o incluso globales, algo así como las "reglas del juego" que operan en esos territorios o contextos. Para todos ellos, una de las (múltiples) razones que explican la distribución desigual de las actividades económicas en los diferentes espacios geográficos es, precisamente, que entre ellos hay diferencias institucionales.

En términos generales, un sistema debe tener, al menos, dos tipos de constituyentes (los componentes y las relaciones entre ellos), una finalidad (debe conseguir o realizar algo) y debe ser posible discriminar entre el sistema y el resto del mundo (identificar sus fronteras o límites). Por otro lado, en los SI hay tres tipos de relaciones fundamentales: competencia (entre rivales), transacciones (compraventa de conocimientos) y cooperación.

¿Cuáles son las fortalezas de esta aproximación? Según Charles Edquist, se pueden resumir en las siguientes:

- La aproximación a los SI sitúa la innovación y el proceso de aprendizaje en el centro del foco de análisis, lo que diferencia esta aproximación de otras en las que el cambio tecnológico es algo externo.
- Adopta una perspectiva global e interdisciplinar; en primer lugar, porque trata de abarcar una amplia selección de los determinantes importantes de la innovación (o todos) y permite incluir factores organizacionales, sociales, económicos y políticos; en segundo lugar, porque ha absorbido perspectivas de diferentes disciplinas (historia económica, economía, gestión, sociología...).
- Emplea perspectivas históricas y evolutivas, que hacen que no pueda hablarse de un sistema de innovación "óptimo" o ideal. Se pueden comparar (en el tiempo o en el espacio) sistemas de innovación "reales" entre sí, pero no los reales con unos "ideales".
- Al tratarse de una visión compleja de la innovación, es mucho más rica y realista que las aproximaciones alternativas.
- Hace énfasis en la interdependencia y en la no linealidad del proceso de innovación. Es decir, estos

procesos no solo son influidos por los actores del sistema, sino también por las relaciones entre ellos, característica que es una de las más importantes de esta aproximación.
- Abarca tanto la innovación de producto como la de proceso, así como las de tipo organizativo, comercial, etc. Es, por ello, un concepto más comprehensivo que otros que sitúan el foco exclusivamente en la dimensión tecnológica.
- Pone énfasis en el papel de las instituciones y de las reglas y normas sociales, que son consideradas entre los determinantes de la innovación.

El autor también identifica las debilidades de esta aproximación:

- En ella aún hay conceptos difusos, como, por ejemplo, el término “instituciones”, que está insuficientemente acotado.
- Respecto a la delimitación de las fronteras del sistema (qué forma parte del sistema nacional, regional o local, y qué no), algunos autores opinan que debe hacerse una definición abierta y flexible.
- No es, en sí misma, una teoría formal, puesto que no proporciona propuestas específicas relativas a las relaciones causales entre las variables. Debido a la ausencia de regularidades bien establecidas empíricamente, puede decirse que es más una aproximación o marco conceptual que una teoría, pero los expertos tampoco se ponen de acuerdo al respecto.

A pesar de todo, el concepto de “sistema de innovación” continúa siendo objeto de estudio por parte de los investigadores y de uso en el ámbito de las políticas públicas; y han surgido diferentes aproximaciones: sistemas nacionales, regionales, locales, tecnológicos, sectoriales. Finalmente, muchos autores aplican el concepto para estudiar países, regiones y zonas concretas, tanto de forma singular como para establecer comparaciones.

El fenómeno de la globalización también está teniendo una influencia directa en la forma en la que se entiende la innovación y en el modo en el que los SI deben ser abordados. Tanto las empresas como las universidades o los organismos públicos de investigación y otros actores que constituyen un sistema nacional de innovación colaboran cada día con más frecuencia con actores localizados en otros sistemas; colaboración que, en gran medida, es favorecida por las políticas públicas nacionales y supranacionales.

Durante los años noventa se empezó a observar un creciente proceso de deslocalización de las actividades productivas, desde los países desarrollados a otros menos desarrollados, principalmente por una cuestión de ahorro de costes. Sin embargo, algunas de dichas economías menos desarrolladas no solo han alcanzado el nivel de competencias de los países más desarrollados, sino que, en múltiples casos y sectores, se han convertido en los principales productores de conocimiento. Ello ha tenido como consecuencia que ya no se pueda exclusivamente hablar de una globalización Norte-Sur y/o Norte-Norte, sino también (y de modo creciente) de movimientos Sur-Sur y Sur-Norte. Sin embargo, no podemos pensar que estos movimientos Norte-Sur, Norte-Norte, Sur-Sur y Sur-Norte se limitan exclusivamente a las actividades manufactureras o de producción.Crecientemente, las actividades con un mayor aporte de valor añadido, como el diseño, la I+D o el *marketing*, también están siendo deslocalizadas, así como muchos servicios. Por lo tanto, ya no es correcto pensar que se están produciendo movimientos globales exclusivamente para ahorrar costes, sino también por la creciente necesidad de captar talento y conocimiento allí donde se encuentren. De este modo, es cada vez más común hablar de sistemas de innovación transnacionales o continentales.

Las innovaciones se difunden... y otros las adoptan

Para que una innovación tenga efectos económicos a escala macroeconómica debe difundirse, es decir, debe ser adoptada por otros usuarios. La difusión de las innovaciones es tan importante o más que su desarrollo inicial, ya que comprende todas las acciones llevadas a cabo por las organizaciones para explotar las ventajas económicas de la innovación. La productividad industrial de ciertos sectores depende más de las innovaciones que surgen en otros sectores que de sus propias innovaciones, por lo que la productividad de las empresas de estos sectores depende, en gran medida, de su capacidad para utilizar equipos, bienes intermedios y conocimientos desarrollados por empresas o entidades de otros sectores o territorios.

La difusión se entiende como una forma de comunicación en la que los miembros de un sistema social se transmiten nuevas ideas y se aplica tanto para los individuos como para las organizaciones. La novedad en la comunicación de la idea es lo que proporciona a la difusión un carácter especial. En este sentido, la difusión de la innovación puede considerarse como el proceso por el cual una innovación se transmite a través de ciertos canales a lo largo del tiempo entre los miembros de un sistema social; su finalidad es explicar cómo una innovación evoluciona desde su estadio inicial al de una utilización ampliada.

La OCDE ya exponía, en 1996, que, si los diversos actores —especialmente las empresas— del SI tienen fácil acceso a una información pertinente y elaborada, aumenta la probabilidad de que se produzcan nuevos productos o procedimientos útiles. De todas maneras, el que la información fluya y se distribuya rápidamente no significa que la adopción de las innovaciones se realice con igual rapidez, ya que las empresas y organizaciones que las reciben o identifican deben ser capaces de incorporar estas innovaciones en sus procesos, de acuerdo con sus necesidades y sus capacidades. Esto requiere, por una parte, integrar los efectos del aprendizaje por el uso y, por otra, realizar una inversión para adaptar sus procesos a la materialización de la innovación que se quiere adoptar.

En particular, hay un tipo de entidades en los sistemas de innovación que desempeñan un papel muy importante en la difusión y adopción de las innovaciones: las empresas dedicadas a la producción de bienes de equipo e instrumentación, las proveedoras de software o las entidades o empresas de servicios avanzados. Estas empresas y entidades frecuentemente transfieren conocimiento entre diversos sectores y asesoran para su adopción, precisamente por su capacidad para difundir ampliamente los nuevos conocimientos. Por su parte, los institutos tecnológicos regionales o sectoriales constituyen focos de difusión muy apropiados para incidir en el entorno regional o sectorial de pequeñas y medianas empresas pertenecientes a sectores tradicionales y con bajo nivel tecnológico —incapaces de crear individualmente sus propias unidades de I+D— y para identificar las futuras demandas de nuevos conocimientos y proporcionar la formación complementaria que necesiten las empresas.

La velocidad con la que una innovación es aceptada en un sistema social es una característica importante de la difusión y representa su grado de aceptabilidad en esa sociedad. La velocidad de adopción se mide como una velocidad relativa (número de individuos u organizaciones que adoptan la innovación sobre el total de la población) en un periodo de tiempo dado. Si se representa el número de individuos que adoptan la idea en una gráfica de frecuencia acumulada a lo largo del tiempo, el resultado es una curva con forma de "S". Esta curva es asintótica al final e indica la finalización del proceso de difusión de las innovaciones. Las innovaciones que se adaptan rápidamente poseen una forma en S comprimida en función del tiempo (eje de abscisas), mientras que las innovaciones más resistentes a ser aceptadas poseen una forma más alargada, la fase asintótica se alcanza en un tiempo superior que en el caso precedente.

El profesor Everett M. Rogers, de la Universidad de Nuevo México, autor de una teoría de la difusión de la innovación, descubrió que el tiempo de adopción de las innovaciones es variable y depende de los siguientes factores:

- La ventaja relativa, que refleja cómo una innovación es percibida mejor que las existentes. No es necesario que la innovación posea muchas más ventajas, sino que sea percibida como ventajosa por sus usuarios.
- La compatibilidad, que tiene en cuenta la percepción que se tiene de la innovación en tanto sea consistente con las experiencias pasadas, las prácticas sociales y los valores existentes. Si la adopción de una innovación necesita previamente la adopción de un nuevo sistema de valores retrasará considerablemente la difusión de la innovación.
- La complejidad, que mide la percepción de las dificultades para comprender y utilizar la innovación. Las innovaciones que se comprenden pronto se adoptarán más rápidamente que las que precisan la adquisición de nuevas competencias para poder utilizarlas.
- La posibilidad de probar una innovación y de modificarla antes de comprometerse a utilizarla, que permite a los eventuales usuarios tener más confianza en el producto, ya que tendrá la posibilidad de aprender a utilizarlo.
- La claridad con que sea posible percibir los resultados y beneficios de una innovación. Si los resultados de la adopción de una innovación son percibidos claramente, los usuarios la adoptarán con más facilidad.

Cada una de estas características por sí sola no es suficiente para predecir la velocidad de adopción de una innovación, pero hay estudios que han demostrado que una combinación favorable de estas características aumenta la probabilidad de que la velocidad sea mayor que en el caso de que la combinación sea menos favorable. Más concretamente, en un estudio realizado sobre la difusión de las innovaciones, analizando 75 publicaciones, se llegó a la conclusión de que tres de las características arriba enunciadas influyen sobre todo en la adopción y su velocidad: las ventajas relativas y la compatibilidad lo hacen positivamente y la complejidad, de manera negativa. Así, por ejemplo, en 1999 se patentó el primer lápiz o memoria USB (siglas en inglés de *Universal Serial Bus*) para el almacenamiento móvil de información y fue lanzado en 2000 por Netac Technology e IBM; su uso se generalizó en pocos años frente a los disquetes —hoy desaparecidos— y los CD, ya que es posible conectarlo al puerto USB de un ordenador, de una cadena de alta fidelidad o de un televisor. Estos lápices presentan una gran capacidad de almacenamiento y rapidez de transmisión de datos, un precio muy asequible y no necesitan lectores específicos para su reproducción, que, además, en el caso de los disquetes y los CD tienen componentes mecánicos que se pueden estropear. Sus ventajas con respecto a los dispositivos a los que han reemplazado y su facilidad de uso han favorecido la velocidad de su adopción por los fabricantes de ordenadores, que han podido disminuir el peso y coste de sus productos al eliminar las interfaces específicas de los otros sistemas, y por los usuarios, que han visto facilitado el almacenamiento de información y su utilización en equipos diferentes.

Como la innovación es esencialmente un fenómeno sociocultural, la velocidad de adopción de una innovación en un territorio determinado depende, igualmente, del sistema social existente: diferentes sistemas sociales poseen diversas velocidades de adopción para una misma innovación. Por esa razón un territorio que aspire a ser foco de innovaciones debe poseer un capital social que favorezca las relaciones entre los actores y el aprendizaje mediante la interacción, definiendo el capital social como el conjunto de valores y normas que comparte una sociedad y permite a sus miembros un grado elevado de cooperación.

En general, se suele hacer mucho hincapié en los aspectos tecnológicos de las innovaciones y bastante menos en los aspectos socioculturales que las propician, cuando, para que una innovación pueda desplegar toda su potencialidad en un territorio, necesita que este disponga de unas condiciones socioculturales favorables para su difusión. Tomemos, por ejemplo, el caso de una civilización diferente a la occidental y que ha sido extensamente estudiada por historiadores, la civilización china, para que la diferencia se vea con claridad. Según *sir* Francis Bacon, hay tres innovaciones que estuvieron en el origen de los grandes cambios europeos del Renacimiento: la imprenta, la brújula y la pólvora; pues bien, estas tres innovaciones surgieron en China y no en Europa, sin embargo, el impacto que tuvieron en los países europeos fue mucho mayor que el que tuvieron en su país de origen. Aunque hay varias teorías para explicar este hecho, una de ellas destaca, como principal causa, la estructura de gobierno y de la sociedad china de la época. Entonces China poseía un Gobierno imperial que necesitaba un gran número de funcionarios competentes y leales para extender su mandato hasta los rincones más recónditos de ese vasto país. Para llegar a ser funcionario, se necesitaba un amplio conocimiento de los clásicos literarios y filosóficos chinos, lo que se determinaba mediante exámenes gestionados por el Gobierno. La existencia de semejante aparato burocrático surgido de este tipo de selección retrasó la formación de una clase mercantil lo suficientemente poderosa para influir en las políticas y actuaciones del Gobierno chino. Sin embargo, los mercaderes europeos tuvieron capacidad para influir, en función de sus intereses, sobre las decisiones políticas y sociales en los países europeos, lo que favoreció la adopción de estas innovaciones que necesitaban para desarrollar más eficientemente sus actividades.

CAPÍTULO 6

La compleja relación entre la ciencia y la innovación

La importancia creciente del conocimiento en las sociedades nos lleva a analizar con más detalle la relación existente entre la ciencia y la innovación. En los últimos decenios se ha venido considerando que el desarrollo económico de los territorios depende esencialmente de la capacidad que tengan para generar y aplicar nuevos conocimientos y no tanto de los factores productivos tradicionales de que dispongan. Esto ha llevado a algunos autores a considerar como rasgo fundamental de la sociedad actual al surgimiento de las economías basadas en el conocimiento.

Este fenómeno puede llevar erróneamente a pensar en el progreso científico como condición necesaria y suficiente para el desarrollo económico de un territorio, olvidando el papel que desempeñan otros factores como, entre otros, la innovación y los procesos de aprendizaje social asociados a la misma. A este respecto, Rodrigo Arocena y Judith Sutz proponen que sería más preciso considerar que estas "economías basadas en el conocimiento deben estar modeladas por el aprendizaje y motorizadas por la innovación".

El conocimiento y la innovación aparecen, por lo tanto, como dos elementos consustanciales al desarrollo de los territorios. Manuel Castell afirma que son "las nuevas fuentes de riqueza, poder y calidad de vida", por lo que su análisis ha adquirido relevancia en los últimos años. Como se ha expuesto en el capítulo precedente, en las últimas décadas se han producido nuevos enfoques para tratar de explicar la naturaleza del proceso innovador y, asimismo, han ido apareciendo en paralelo nuevos análisis sobre la ejecución y organización de las actividades científicas.

Estos nuevos enfoques sobre los procesos de producción y aplicación del conocimiento son utilizados actualmente para explicar el papel de la ciencia, no solo en la innovación, sino también en el desarrollo económico y social de los territorios. Por una parte, se reconoce que el proceso innovador no depende exclusivamente del desarrollo de actividades científicas y, por otra, se establece que el vínculo ciencia-innovación puede ser hoy mucho más estrecho, teniendo en cuenta que un porcentaje significativo de las actividades de investigación se llevan a cabo en un contexto de aplicación. Estos enfoques, que han sido plasmados en nuevas políticas de ciencia e innovación, han generado, al mismo tiempo, un intenso debate en el ámbito académico sobre la validez y alcance de los mismos. Dos cuestiones que están suscitando amplios debates son el alcance real de los nuevos enfoques de producción del conocimiento en los diferentes sistemas científicos e industriales y su incidencia en la relación de la ciencia con la innovación.

Los procesos de producción de conocimiento: de la ciencia pura a la ciencia posacadémica y el Modo 2

Desde el campo de la sociología de la ciencia se han llevado a cabo diferentes estudios que buscan caracterizar los procesos de producción del conocimiento, profundizando también en los rasgos que definen la ciencia como institución socialmente organizada. Estos estudios pueden servir de base para realizar una primera aproximación al análisis de la relación existente entre ciencia e innovación, explorando cómo la utilidad o aplicabilidad del conocimiento influye en los valores de la ciencia y en los procesos de producción del conocimiento.

En la primera mitad del siglo pasado, Robert K. Merton, contemporáneo de Bush, identificó los elementos que caracterizan a la ciencia que podemos calificar de "pura" y que han permitido su desarrollo y mantenimiento a lo largo del tiempo. Estos elementos, que a juicio de Merton tienen un carácter imperativo, son característicos de la ciencia pura y se concretan en los valores de "comunismo o comunitario, universalismo, desinterés y escepticismo organizado". La primera letra de cada una de estas palabras produce el acrónimo en inglés CUDOS, que fonéticamente suena como el término griego *kudos*, que significa "fama derivada de un logro o descubrimiento" y que sintetiza gráficamente lo que persigue el investigador en esta concepción de la ciencia.

El *comunitarismo* obliga a la difusión accesible y pública de los resultados no solo a la comunidad científica, sino también a la sociedad. El *universalismo* subraya que los criterios de la ciencia y no los atributos personales del científico deben ser las bases para juzgar los méritos de su labor científica. El *desinterés* debe conducir al científico a centrarse en el avance de la ciencia y no en sus intereses personales. Por último, el *escepticismo organizado* facilita el debate y la evaluación crítica entre los científicos y propone que las ideas y los resultados de las investigaciones se acepten o se rechacen mediante la evaluación por pares y no teniendo en cuenta la tradición o la autoridad.

Para Merton, los valores anteriores, aunque no se encontraban explícitamente definidos, podían inferirse de la conducta de los investigadores y se reforzaban por la socialización de quienes entran a formar parte de la comunidad académica. Merton complementa la caracterización de la ciencia con el desarrollo de su tesis sobre el intercambio social, según la cual la ciencia se estructura y se refuerza a partir de un sistema que otorga al científico una recompensa en función del aporte que este realiza al fondo común de conocimiento. Dicha recompensa se materializa no solo en términos de reconocimiento por parte de la comunidad científica, sino también a través de la asignación de recursos económicos para realizar su trabajo.

El pensamiento mertoniano sobre las normas y valores de la ciencia estableció las bases de lo que podría denominarse el "paradigma clásico" de la sociología de la ciencia. Atendiendo a esta visión, el desarrollo de la ciencia estaba regulado básicamente por intereses académicos y disciplinarios, siendo la originalidad y la excelencia científica los criterios básicos utilizados para producir y valorar el conocimiento. La posible aplicación o explotación socioeconómica del conocimiento no tenía mayor peso en la estructuración social de la ciencia ni en el desempeño de los colectivos que la hacían funcionar. No se quiere decir con ello que en el marco de esta visión no se reconociese valor práctico a la ciencia, pero sí que la preocupación sobre este aspecto era ajena a la dinámica interna de la comunidad científica. El objetivo central de la ciencia era el incremento progresivo del conocimiento, el cual, a su vez, constituía un bien común. La comunidad científica, por lo tanto, funcionaba como un sistema autónomo, regulado básicamente por lógicas internas y que no exhibía una relación directa con el entorno social y sus expectativas. Respecto al tema que nos ocupa, es posible decir que de esta visión se desprende una relación indirecta entre ciencia e innovación.

Esta concepción de la actividad científica de Merton coincide con la visión de Vannevar Bush, ya descrita. Ambos, desde disciplinas diferentes, consideraban el carácter inmaculado de la actividad científica, la cual debía orientarse hacia la generación de conocimiento, sin preocupación aparente por su carácter instrumental. La similitud de ambas visiones sobre la ciencia puede obedecer a la existencia de una mutua influencia entre estos autores o simplemente a que esta visión de la ciencia formaba parte del acervo cultural de la época.

Sin embargo, a partir de finales de los años setenta del siglo pasado, surgen diversos trabajos que critican las bases de la ciencia pura mertoniana. Estos trabajos se caracterizan por dudar de la validez de las normas y valores identificados por Merton, y por analizar en profundidad el comportamiento de las organizaciones que producen ciencia en su relación con otros actores. Dos de las interpretaciones más conocidas son las nociones de "ciencia posacadémica" y del "Modo 2" de producción de conocimiento.

John Ziman introduce la noción de "ciencia posacadémica" para expresar la transformación que, según él, la ciencia académica ha experimentado a partir de los años ochenta del siglo pasado, que la alejó de la ciencia pura mertoniana y la acercó a la ciencia realizada en las empresas. La causa de esta transformación hay que buscarla en un aumento de la competición por unos fondos crecientes destinados a la investigación, que generó un control más estricto de la gestión pública de la actividad científica e incrementó la rendición de cuentas de los científicos ante la sociedad. Esta transformación sustituyó los valores de la ciencia pura por otros más representativos de la actividad científica realizada en las empresas y que son opuestos a los establecidos en la ciencia mertoniana. Estos nuevos valores son: "propietario" (que sustituye a comunitario), es decir, que los resultados pueden dejar de ser necesariamente públicos o comunitarios; "local" (en lugar de universal), es decir, los investigadores analizan problemas locales que pueden no contribuir a la compresión general de la problemática; "autoritario" (que remplaza a desinteresado), que implica que los investigadores, en lugar de participar como investigadores individuales, lo hacen bajo una autoridad de gestión; "comisionado" (que sustituye a original), es decir, que los científicos deben investigar para resolver problemas precisos y no necesariamente contribuir al conocimiento general; y "experto" (en lugar de escéptico), lo que hace que los científicos se valoren no por su creatividad, sino por su capacidad para resolver problemas. Estos valores conforman el acrónimo PLACE, que significa en inglés "posición" o "puesto", y cuya elección fue realizada para contraponerse al CUDOS de la ciencia pura.

Para Ziman, uno de los rasgos fundamentales que se deriva de la emergencia de la ciencia posacadémica es que la actividad científica se convierte en un proyecto social más colectivo, en la medida en que admite la participación de grupos u organizaciones ajenas al quehacer científico en la definición de los problemas de investigación. Ello, obviamente, penaliza la autonomía y el individualismo que caracterizan a los científicos académicos tradicionales, pero hace la actividad científica más permeable a las demandas y exigencias del entorno. Desde este punto de vista, la agenda de investigación se configura obedeciendo no solo a intereses académicos, sino también teniendo en cuenta intereses sociales mucho más amplios. La utilidad de los resultados de investigación llega a ser, por lo tanto, un aspecto central en los procesos de producción de conocimiento.

En paralelo a la noción de ciencia posacadémica, aparece la del Modo 2 de producción del conocimiento, recogida en dos obras clave desarrolladas primeramente por un equipo dirigido por Michael Gibbons y posteriormente por otro dirigido por Helga Nowotny. Según esta tesis, en la sociedad contemporánea la modalidad habitual de la ciencia académica, disciplinaria, organizada en forma jerárquica, homogénea y con estructuras básicamente estables (Modo 1) coexiste con otra forma de producción de conocimiento, que es transdisciplinar, heterogénea, poco jerárquica y estructuralmente cambiante (Modo 2). En el Modo 1 la producción de conocimiento está sujeta a las normas cognitivas que rigen cada disciplina y se desarrolla con el objetivo de avanzar en el conocimiento de la realidad para satisfacer los intereses académicos. En el Modo 2 el conocimiento se genera siempre en el contexto de la aplicación, es decir, atendiendo a las necesidades explicitas de algún agente externo. En este punto, es necesario advertir que el término "aplicación" no se refiere simplemente al hecho de que el conocimiento se produzca como respuesta a una demanda específica, ya sea de la industria, de la sociedad o del mercado, sino que es el resultado de un proceso en el cual confluyen numerosos factores que representan mucho más que simples consideraciones comerciales. En el Modo 2, la ciencia ha ido más allá del mercado y la producción de conocimientos llega a ser difundida a través de la sociedad, convirtiéndose en un proceso socialmente distribuido. La validación de los resultados de investigación en el Modo 2 descansa fundamentalmente en su aceptación social y en su relevancia para la satisfacción de necesidades específicas, más que en la contribución al avance del fondo común de conocimiento.

A pesar de las diferencias de aproximación que existen entre la noción de ciencia posacadémica y la tesis del Modo 2, estos enfoques transmiten la misma idea general: la emergencia de una nueva manera de hacer ciencia que, en comparación con la de la ciencia académica tradicional, ve modificadas su sociología interna y su función social externa. Tanto el concepto de colectivización de la ciencia, como el de producción de conocimiento en el contexto de aplicación vienen a destacar la utilidad del conocimiento como otra dimensión fundamental a tener en cuenta en los objetivos y desarrollo de las actividades científicas. De estos enfoques se desprende, por lo tanto, la imagen de una relación mucho más estrecha entre ciencia e innovación, en la medida en que el conocimiento se produce considerando no solo su valor intrínseco, sino la utilidad socioeconómica del mismo, y la investigación se orienta cada vez más hacia valores sociales, económicos e incluso políticos. Se desarrolla así una especie de vínculo inverso —inexistente en el esquema de la ciencia académica tradicional— mediante el cual la sociedad interviene en el tipo de conocimiento que se produce y lo legitima en función de los beneficios sociales y económicos esperados.

En el marco de estos nuevos enfoques, la idea de una relación estrecha entre ciencia e innovación se ve también reforzada por la ampliación de los agentes productores de conocimiento. La colectivización de la ciencia y el predominio de los contextos dinámicos de aplicación hacen que se multipliquen los entornos potencialmente generadores de conocimiento y acaban, en gran parte, con el monopolio que ostentaban las organizaciones científicas tradicionales (universidades, organismos públicos de investigación) en este proceso. Esta ampliación se manifiesta no solo en la participación directa de empresas, entidades públicas y organizaciones sociales en la generación de conocimiento, sino también en el desarrollo de organizaciones híbridas que trascienden las fronteras institucionales y buscan la explotación socioeconómica del conocimiento generado. Se desarrolla, de esta forma, una gran heterogeneidad en cuanto a las formas en que se organizan las actividades científicas y se llevan a cabo los procesos de investigación y a los actores que participan en ellos.

La colectivización del proceso de producción de conocimiento, producto de una participación activa de agentes no científicos en él, es un rasgo que ciertamente caracteriza algunos campos o áreas de investigación en la actualidad, pero no puede decirse que se encuentre presente por igual en todo el sistema científico, por ejemplo, en ciertas áreas de humanidades como la filosofía o la historia o en algunos campos de las matemáticas. Además, algunas de las características propias de la ciencia académica (por ejemplo, la revisión por pares) tienen aún vigencia como elemento legitimador del quehacer del investigador en la mayoría de las comunidades científicas. Por lo tanto, no parece que los valores de la ciencia posacadémica hayan sustituido mayoritariamente a los valores mertonianos de la ciencia pura; dependiendo del ámbito disciplinar e incluso del contexto socioeconómico, uno y otro pueden estar presentes. De hecho, en el interior de una misma institución científica (la universidad, por ejemplo) pueden coexistir tanto la lógica académica como la posacadémica.

Evolución de nuestras visiones sobre la relación entre la ciencia y la innovación

Desde el final de la Segunda Guerra Mundial hasta los inicios de los años ochenta, nuestra compresión de la relación de la ciencia con la innovación descansaba, como ya se ha expuesto, en el enfoque de la producción del conocimiento de la ciencia pura y en el modelo lineal del proceso de innovación. En este marco, la fuente de las innovaciones proviene de los avances en el conocimiento científico producido en el medio académico, sin precisar cómo se transforman en tecnologías aplicables para dar lugar a nuevos productos y procesos en las empresas, sin tener en cuenta cómo van a absorber y utilizar el nuevo conocimiento producido en las empresas, ni prever una interacción directa entre la empresa y la academia o la participación de otros actores en el proceso.

En particular, la adquisición, por parte de las empresas, de los conocimientos científicos y técnicos generados en las universidades y organismos públicos de investigación que pueden ser necesarios en sus procesos de innovación no es automática, ni los cauces para lograrlo están establecidos ni es fácil su consecución. Para que las empresas puedan aprovechar dichos conocimientos necesitan que estos se encuentren disponibles de forma adecuada y tener capacidad para incorporarlos y gestionarlos, es decir, poseer una organización y unos recursos humanos con la formación y la experiencia necesarias para integrarlos en sus estrategias empresariales o en sus proyectos. Si este proceso no se da, los resultados obtenidos por los científicos pueden no emplearse para resolver los problemas tecnológicos que se plantean en los diferentes sectores de actividad, tal como ya ha sucedido en numerosas ocasiones. En otras palabras, hay innovaciones que dependen de los avances en el conocimiento científico, pero el proceso mediante el cual dicho conocimiento se transforma en aplicaciones comerciales no es directo, sino que está mediado por diversas etapas y actividades.

La idea de la investigación básica como fuente principal de la innovación, si bien se afianzó en el seno de la comunidad científica como justificación para asegurar un flujo suficiente de recursos públicos, fue debatida tempranamente por investigadores y organizaciones más cercanos a la comunidad industrial. El surgimiento de nuevos enfoques sobre los procesos de producción del conocimiento y de innovación a partir de los años ochenta ha generado el desarrollo de una nueva visión sobre la relación entre la ciencia y la innovación sustancialmente diferente a la existente en las décadas anteriores. Los aspectos más característicos de esta nueva visión son la necesidad de interacción entre los diferentes actores que participan en los procesos de innovación y, en consecuencia, la utilización de diferentes tipos de conocimiento, no solo el científico.

La consideración del carácter interactivo del proceso innovador hace que los conocimientos internos de las empresas sean la fuente principal de su innovación. En este caso, las empresas demandan nuevos conocimientos científicos orientados a la resolución de sus necesidades, que pueden obtener realizando actividades internas de I+D, pero que, en general, obtienen contratando a entidades externas o colaborando con ellas. En los modelos más recientes de esta visión, por ejemplo, en el caso de la innovación abierta, el foco se sitúa en la creación de "ecosistemas" con todos los actores que intervienen en los procesos de innovación (usuarios, proveedores, académicos, etc.), que colaboran a través de plataformas tecnológicas, proyectos en colaboración u otras formas de partenariado. Así, si en el modelo lineal los diferentes actores del sistema de innovación destacan por su autonomía e independencia, la interrelación que se produce entre ellos es la característica esencial de esta nueva visión de la relación ciencia-innovación.

Debe también subrayarse que la orientación de actividades científicas hacía el contexto de la aplicación y la colectivización de los procesos de producción de conocimiento dibuja un escenario en el que las fronteras entre la producción y la aplicación de nuevo conocimiento aparecen cada vez más difusas. Los académicos compaginan, a menudo, el deseo por alcanzar un mejor entendimiento de los fenómenos naturales y las consideraciones relacionadas con la utilidad práctica del conocimiento, que no constituyen puntos de vista enfrentados. Por el contrario, como señaló Donald E. Stokes, son dos dimensiones del quehacer científico, las cuales pueden ser desarrolladas simultáneamente sin que una vaya en detrimento de la otra; de hecho, existen innumerables estudios que muestran que la producción científica de los académicos que realizan investigación en contexto de aplicación no ven reducidas sus publicaciones con relación a los que no lo tienen en cuenta. En otros casos, los académicos y las empresas colaboran, con sus diferentes competencias, intereses, fortalezas y debilidades, en la producción de nuevo conocimiento.

Por otra parte, si bien el enfoque interactivo de la innovación ha contribuido significativamente a mejorar nuestro entendimiento sobre la naturaleza del proceso innovador y la dinámica de las organizaciones que en él participan, algunos de los postulados del modelo lineal siguen teniendo validez en contextos específicos. Así, por ejemplo, aunque la ciencia no sea la fuente más frecuente de la innovación, en algunos casos (innovaciones radicales) puede ser la más importante, como en algunos productos de la industria farmacéutica procedentes de la biotecnología. En dichos casos, además, la innovación puede partir de investigaciones que se realizan lejos del mercado o, parafraseando a Bush, ajenas a la presión adversa de las necesidades comerciales. De hecho, existe poca evidencia en la literatura que demuestre que este tipo de investigación no ejerce ningún efecto sobre la innovación, más aún si se tiene en cuenta que en algunos campos (nanociencia, nanotecnología), la ciencia y la tecnología han llegado a ser virtualmente indiferenciadas debido a que sus motivaciones y resultados están combinados y los practicantes son cada vez más intercambiables.

Además de lo anteriormente señalado, convendría también tener en cuenta que, incluso en los casos en los que la innovación parte del conocimiento ya disponible, el desarrollo de actividades científicas puede tener también un efecto importante. En este sentido, por ejemplo, se ha señalado que el desarrollo de actividades de I+D, no solo puede tener un efecto directo sobre la innovación, sino que también contribuye a incrementar la capacidad de la empresa para identificar, asimilar y explotar el conocimiento existente en el entorno. Es lo que se ha denominado el "papel dual" de la I+D, basado en el incremento de la capacidad de absorción. Este argumento puede ser extrapolado a un nivel más amplio y utilizado para analizar la capacidad innovadora de un territorio. De esta forma, los esfuerzos que realiza un país en materia científica pueden servir no solo para generar nuevos conocimientos que sirvan de base para innovaciones posteriores, sino también para incrementar la capacidad de dicho territorio para hacer un uso más apropiado del conocimiento generado en otros contextos geográficos.

La relación de la ciencia con la innovación ha estado muy centrada en actores como la empresa y ha sido mediatizada por las disciplinas STEM. Paulatinamente, se ha abierto a la consideración de otros actores diferentes, como las entidades públicas o asociaciones sin fines lucrativos, y a disciplinas como las ciencias humanas y sociales o las ciencias médicas. Esta apertura no se produce porque en dichos ámbitos los procesos de innovación sean singulares, sino por un hincapié mayor en la naturaleza social y responsable de los procesos innovadores. Por otra parte, los enfoques expuestos han sido construidos en contextos geográficos y sociedades determinadas con un orden social concreto, por lo que una extrapolación a otras sociedades y territorios (por ejemplo, países periféricos) necesita no solo una adaptación, sino una reelaboración más o menos profunda.

La visión en torno a la relación de la ciencia con la innovación desempeña un papel decisivo en la definición de políticas públicas de ciencia e innovación. Una visión de esta relación basada en el modelo lineal de la innovación conlleva la definición de políticas que inciden prioritariamente en el fortalecimiento de las capacidades científicas y en la implementación de mecanismos que promuevan el desarrollo de actividades de I+D. Los instrumentos típicos de esta política son la financiación pública de la I+D académica, las ayudas directas a proyectos de I+D de empresas, los incentivos fiscales para realizar estas actividades y el establecimiento de un sistema de patentes. Estas políticas fueron dominantes durante el periodo posterior a la Segunda Guerra Mundial y hasta los años ochenta en la mayor parte de las economías desarrolladas, y continúa vigente en muchos territorios. En contraste, una visión de la relación ciencia-innovación basada en los nuevos enfoques sobre producción de conocimiento e innovación lleva a la definición de políticas más orientadas al fomento de las relaciones entre productores y usuarios del conocimiento que a la financiación de la investigación realizada en entornos aislados. En estos casos, las políticas utilizan instrumentos tales como la financiación de proyectos de I+D en colaboración con otros actores del sistema de innovación y estructuras e instrumentos de interrelación, ayudas a infraestructuras tecnológicas de apoyo (centros tecnológicos, polos de competitividad, etc.), apoyo a la colaboración público-privada en investigación e innovación, ayudas al incremento del capital social (clústeres y distritos), etc. Además, estas políticas incorporan instrumentos que inciden sobre el tejido social y económico del territorio (formación de personal, estructura y organización empresariales, utilización de nuevas tecnologías), para aumentar su potencial de absorción y utilización de nuevo conocimiento. Por último, una visión transformadora de la ciencia y la innovación supone una reorientación de sus prioridades para enfrentar grandes desafíos como el cambio climático o la desigualdad social, y favorecer un tipo de desarrollo sostenible e inclusivo acompañado de cambios en los sistemas sociotécnicos. En este caso, se utilizan instrumentos como la creación de espacios para que nichos transformativos puedan experimentar con distintas alternativas tecnológicas, encuentros prospectivos participativos y participación en redes de movimientos sociales para discutir cómo el uso de ciertas tecnologías puede proporcionar soluciones ambientales y sociales.

La relación ciencia-innovación es un fenómeno que obedece tanto a la dinámica de las instituciones científicas como a las características socioeconómicas de su entorno. Aunque parezca evidente, este aspecto ha sido a menudo olvidado en el diseño de las recientes políticas de ciencia e innovación en territorios periféricos, las cuales, guiadas por las experiencias exitosas de otros contextos, han focalizado su atención en el apoyo de transformaciones académicas, incidiendo poco en el tejido social y productivo. En este sentido, los Gobiernos, que tienen un papel importante como agente facilitador y promotor de estas relaciones, deberían definir estrategias acordes con las condiciones socioeconómicas locales. A la luz del análisis realizado, más que adoptar uno u otro esquema de intervención, los diseñadores y gestores de políticas de ciencia e innovación deberían desarrollar planteamientos flexibles que se adecuen a las dinámicas científicas y socioeconómicas de cada contexto, así como a los problemas que se pretenden resolver.

CAPÍTULO 7

¿Quiénes innovan?

Ya se ha descrito cómo innovan las empresas, pero, en realidad, quienes innovan son las personas, utilizando sus capacidades y los medios disponibles, en el seno de una organización que tiene unas características determinadas y en un contexto (sectorial, local, nacional, social) concreto. No se puede, pues, hablar de innovación sin dedicar atención a las personas y a los entornos en los que llevan a cabo su tarea. Schumpeter hablaba de los "emprendedores innovadores", pero la innovación contemporánea es desarrollada fundamentalmente por equipos de personas y, a lo largo de todo este texto, se ha subrayado repetidamente que en la innovación es preciso destacar, sobre todo, su aspecto sociocultural.

Las personas

¿Cómo se comporta y qué hace una persona innovadora? Investigaciones del área de la gestión empresarial —especialmente de recursos humanos— lo han estudiado desde diversos puntos de vista, porque, sin duda, es importante que una empresa innovadora disponga de criterios para seleccionar personas con las características individuales adecuadas, y para tomar otras decisiones que permitan a estas personas llevar a cabo sus actividades. El comportamiento innovador de los individuos de una organización no solo depende de sus propias capacidades, sino también de las de su líder, del grupo en el que desempeñan su actividad y del "clima" de la organización, es decir, del apoyo que estos procesos tienen en ella.

Y ¿en qué consiste tener un comportamiento innovador? De acuerdo con los trabajos de Robert F. Kleysen y Christopher T. Street (2001), básicamente en llevar a cabo el siguiente proceso. En primer lugar, explorar oportunidades; esto requiere, fundamentalmente, estar atento a lo que pasa en el exterior, a las necesidades de los clientes o usuarios, sean estas expresadas o no. Hay que ser capaz de reconocerlas y recopilar información sobre ellas.

En segundo lugar, generar ideas y soluciones para responder a los desafíos que se han identificado, lo que significa imaginar posibles soluciones o formas de responder a las necesidades, establecer categorías con las soluciones imaginadas, atendiendo a criterios previamente establecidos, y combinar las ideas y soluciones con la información disponible, para ampliar las posibilidades. Este es un proceso que suele combinar lo individual con lo colectivo: primero se generan ideas individuales y luego se comparten con las de otras personas para seleccionar las ideas que el equipo considere asumibles. Hay muchas técnicas para potenciar y encauzar este tipo de procesos: tormentas de ideas, mapas mentales o mapas de ideas, por señalar algunas; lo importante es que en la organización se lleven a cabo sistemáticamente este tipo de actividades.

A partir de la etapa anterior, se analizan, experimentan y evalúan las posibles soluciones que se han identificado, para seleccionar las más viables, lo cual puede llevar a callejones sin salida que exigen una vuelta atrás o a tirar ideas estupendas a la papelera, aunque es mejor meterlas en un cajón, pues es posible que una idea que no es viable en un momento dado lo sea más adelante, cuando las condiciones sean diferentes.

Después llega el momento de desarrollar la idea o solución seleccionada y, por tanto, de involucrar al resto de la organización en el proceso, pues se requiere movilizar recursos, persuadir a los afectados e influir sobre los que tienen capacidad de decisión, aceptar el desafío y asumir los riesgos que se derivan de emprender esta iniciativa. También en esta etapa se pueden "caer" muchas buenas ideas, si resultan demasiado caras o no alcanzan la calidad requerida, o cualquier otra razón, aunque nuevamente, es recomendable guardarlas. Por ejemplo, un nuevo fertilizante que deja muy poco residuo seco, pero cuyo coste es muy superior al de los que están en el mercado es posible que no sea viable para fertilizar cultivos que se riegan al estilo tradicional, pero puede ser enormemente interesante para su uso en el riego por goteo, donde ese reducido residuo seco es fundamental para que las tuberías y los difusores no se obstruyan.

Finalmente, si se logra desarrollar la idea o solución, esta se ha de implementar o producir y ofrecer al usuario o consumidor desde la empresa. Eso significa que se han de implicar las personas y los equipos de producción y comercialización, y puede ser necesario modificarlos para que ese nuevo producto o servicio sea factible; seguramente, el nuevo producto deberá ser modificado durante algún tiempo para perfeccionarlo o ajustarlo mejor a los usuarios o clientes, y llegará un momento en el que pasará a formar parte de la rutina de la empresa.

Como ya se explicó, a lo largo de todo este proceso hay interacciones entre diversas personas y retrocesos para saltar los escollos que se presenten; no es, en absoluto, un proceso secuencial ni previsible.

Si esos son los comportamientos de las personas innovadoras, ¿qué competencias necesitan? En primer lugar, las personas que vayan a participar en procesos innovadores deben tener unos sólidos conocimientos técnicos, científicos, organizativos o comerciales en sus respectivos ámbitos de trabajo y también deben manejar buena información sobre las fuentes externas de conocimiento (quién sabe o tiene lo que se necesita saber o adquirir en cada momento).

Los que participen en los procesos de generación de ideas y soluciones deben tener creatividad e imaginación, ser capaces de conectar ideas, tener curiosidad, dotes de observación y capacidad para experimentar, pero también necesitan tener interés por abordar y resolver problemas, ser capaces de ponerse en el pellejo de los usuarios o clientes potenciales, imaginar y observar sus demandas y las condiciones en que estas pueden ser satisfechas.

Como quiera que los procesos de innovación son arduos y no siempre culminan con éxito, las personas innovadoras se caracterizan por su energía, por su motivación y entusiasmo para llevar adelante sus ideas, por su persistencia y su capacidad para trabajar duro; han de ser luchadoras. También es importante que tengan seguridad en sí mismas, iniciativa, independencia y determinación para alcanzar objetivos. Finalmente, innovar es, como ya se ha dicho, arriesgarse, pero con cuidado; lo ideal es tener una combinación de tolerancia al error y capacidad para asumir riesgos calculados.

Puesto que la innovación es una labor colectiva, las personas innovadoras deben ser capaces de trabajar con otras personas que tengan formación, perfil profesional, género, cultura y capacidades diferentes a los suyos; de aceptar críticas y de reconocer otros puntos de vista; de compartir y de negociar. No es un trabajo para soberbios ni para personas con alto sentido del ridículo. Quienes lideran las empresas innovadoras lo saben muy bien y tienen en cuenta esta necesaria diversidad cuando conforman sus equipos de innovación.

Finalmente, la innovación es un proceso que consume recursos de muy diversa índole, por lo que, en esos equipos, se necesitan personas con habilidades gestoras, capaces de planificar y gestionar recursos económicos, materiales, personas e información, de concretar y llevar a la realidad las propuestas que han surgido de los procesos creativos.

Adicionalmente, la persona que lidera un equipo dedicado a la innovación debe tener la capacidad para ejercer esa función, lo que implica capacidad de anticipación, es decir, de imaginar necesidades y oportunidades, visualizar el futuro deseado y saber difundirlo a los demás y, especialmente, movilizar las capacidades, las ideas y el compromiso de los demás miembros del equipo. Además, precisa tener habilidades gestoras: definir objetivos, seleccionar participantes, organizar el equipo, tomar decisiones, establecer estructuras, etc.

No se debería tener un "departamento de innovación" como si fuera un reducto especialísimo; la innovación debe formar parte de la cultura o el clima de la empresa, si no, los innovadores se frustran y, para que ese clima exista, hay que empezar por los líderes. Ahora se habla de liderazgo creativo, en referencia a un tipo de líderes que invitan a la innovación rompedora, animan a los demás a abandonar métodos anticuados y asumen riesgos equilibrados. También se habla del liderazgo ambidiestro como la capacidad para establecer y mantener un balance entre las actividades exploratorias y las orientadas a la explotación, ambas imprescindibles en la innovación.

Para finalizar, en todos los estudios profundos sobre casos de innovación de éxito siempre aparece un término propio de las novelas románticas en boca de los innovadores: la pasión. Nosotros tratamos con muchos empresarios innovadores de sectores tan diversos como la química, la farmacia, la mecánica de alta precisión, la música antigua o la producción de vino, y hemos podido comprobarlo: cuando describen sus proyectos, en sus miradas se percibe ese brillo de ilusión, entusiasmo y pasión que impulsa su determinación. Quienes innovan creen en su proyecto, también cuando este es una nueva empresa, y esa pasión es la que les lleva a saltar todo tipo de obstáculos para conseguir su propósito, la que les permite conseguir recursos e implicar a los demás en sus proyectos, la que les ayuda a reenfocar o reorientar su plan de trabajo cuando encuentran en su camino barreras insalvables, la que les da el poder necesario para alcanzar su sueño o, al menos, para intentarlo. No sabemos cómo se puede medir la pasión, pero si hay algún test que lo haga, debería ser incluido entre los utilizados para seleccionar personal innovador.

En sus organizaciones

Las personas desarrollamos nuestras actividades en el seno de una organización. Los expertos en gestión saben que las condiciones bajo las que se llevan a cabo las actividades en esa organización determinan su enfoque general. A lo largo de este libro se ha hecho especial hincapié en las empresas como organizaciones sociales protagonistas de la innovación, pero también se ha insistido en que no son las únicas que innovan, aunque la mayor parte de los esfuerzos para comprender estos procesos se hayan dedicado a ellas. También innovan otras organizaciones sociales (unas más que otras, todo hay que decirlo).

Ya se ha insistido en que para las organizaciones innovar es algo más que tener un sistema de gestión de la innovación o del conocimiento o un departamento que se encargue de impulsarla; la organización, en su conjunto, debe ser innovadora, no solo proporcionando productos o servicios innovadores, sino realizando de forma innovadora las demás actividades de la organización (ventas, financiación, organización, relaciones con los clientes y otras entidades del entorno…), incluso innovando en el modelo de negocio.

La estrategia general de una organización innovadora contempla las actividades de innovación como parte del quehacer de la organización, destina tiempo y recursos para ello y esto se refleja en los procesos de toma de decisiones, en la organización y su cultura (apertura, confianza, profesionalidad, competencia…), en las oportunidades de formación, en los sistemas de promoción y recompensas que ofrece a sus empleados, en los mecanismos de autoevaluación, en la disponibilidad de espacios, metodologías y herramientas para favorecer la innovación y las relaciones, tanto dentro de la organización como fuera, y con diversos tipos de actores: usuarios o clientes, proveedores de equipos y de servicios, grupos de investigación, entidades financiadoras, etc.

Pero incluir la innovación en la estrategia general de la organización no es tarea fácil y, si bien en teoría lo puede llevar a cabo cualquier organización, en la práctica se ha comprobado que, para que esto suceda, las organizaciones tienen que tener ciertas características, que son las que propician que se desarrolle esta capacidad. Estas características han sido puestas de manifiesto en la literatura sobre el tema y están avaladas por los resultados empíricos encontrados.

Las entidades innovadoras requieren una organización adecuada. La organización simple, frecuente en las pequeñas entidades, con una especialización débil y un fuerte control jerárquico del dirigente-propietario, no es favorable a la innovación, como tampoco lo es la organización clásica, ampliamente extendida, caracterizada por una coordinación centralizada por procedimientos y normas, donde también se da un gran control jerárquico. Esta organización se utiliza en las administraciones y en la mayoría de las grandes empresas industriales y deja poco espacio a la innovación. Esta es favorecida en las organizaciones de tipo profesional o por proyectos: en el primer tipo tenemos el conjunto de expertos de un dominio dado que se reagrupan por especialidades y que disfrutan, por su reconocida formación y capacidad, de una autonomía justificada por la complejidad de la actividad; es un tipo de organización frecuente en los centros de investigación, en el sector cultural o en las clínicas y hospitales. La organización por proyectos es aquella en la que para cada proyecto se constituye un grupo de trabajo específico, en el que participan personas de diferentes unidades de la organización, con una coordinación poco formalizada y flexible; es propia de los centros de investigación y de las empresas consultoras, de arquitectura o de ingeniería. En estos dos últimos tipos de organización es fundamental favorecer el intercambio de información e ideas entre los miembros y su interacción con el exterior.

Las organizaciones pueden utilizar diversos métodos para favorecer la interacción personal entre sus empleados y con personas externas, así como el intercambio de ideas. Desde lo más sencillo, que consiste en disponer de una zona común de descanso y fomentar que los empleados se encuentren en ella, a organizar encuentros periódicos en los que, además de transmitir la información corporativa que corresponda (como el balance anual), se organizan seminarios, talleres u otro tipo de actividades para favorecer el intercambio de ideas. Hace años, un emprendedor que disfrutaba de un espacio en una incubadora para su recién creada empresa tecnológica nos dijo que lo que más valoraba de estar allí era... ¡la cafetería!, porque allí tenía la oportunidad de coincidir con otros emprendedores y surgían ideas interesantes, además de compartir el mismo tipo de dificultades, lo cual le consolaba bastante en no pocas ocasiones. Las interacciones personales son importantes, claro está, pero también se utilizan cada día más las tecnologías de la información, en general, y las redes sociales, en particular, para facilitar el acceso a información y conocimiento de diversa naturaleza, o para interactuar con otras personas dentro y fuera de la organización.

En síntesis, el clima de una organización es innovador cuando la innovación forma parte de la misión y la visión, cuando los trabajadores tienen un alto nivel de satisfacción porque se sienten valorados, se aprecian sus aportaciones y se les da cierta autonomía, cuando hay un clima de libertad, tolerancia y flexibilidad, y cuando está permitido el error.

Otra de las características de las organizaciones innovadoras es el nivel de formación de sus empleados y directivos. En general, a mayor formación del personal directivo, más innovadora es la organización. Esta característica favorece la contratación de personal mejor formado en todas las actividades de la organización e incrementa lo que se denomina su "capacidad de absorción", es decir, su *stock* de conocimientos internos. Al poseer mayor capacidad de absorción, la organización aumenta su capacidad para identificar, incorporar y utilizar conocimiento externo a través de procesos de aprendizaje. Este aprendizaje permitirá a la organización familiarizarse con ese nuevo conocimiento, integrarlo en su acervo y utilizarlo para producir innovaciones y generar el cambio.

Por otra parte, la presencia de mayor proporción de personal con formación superior, especialmente doctorado, aumenta la cultura de la organización hacia la innovación. En las encuestas sobre las preocupaciones empresariales, las empresas americanas sitúan la innovación en segundo lugar mientras que las españolas lo sitúan en el último. Hay, en esta diferencia de cultura, una manifestación de mayor interés por la originalidad, en el caso de los americanos, y quizás un punto de vanidad por su superioridad, algo que se aprecia, por ejemplo, en la forma en que Steve Jobs lanzaba los nuevos productos de Apple: con auténticas demostraciones de superioridad tecnológica y un gran carácter mediático, un auténtico espectáculo. Además, esta mayor cultura de la innovación favorece que en las empresas se opte por estrategias de diferenciación más que por estrategias de reducción de costes. Las empresas que optan por la reducción de costes tratan de producir bienes o servicios iguales que la competencia a menor coste, es decir, con mayor productividad. Cuando una empresa líder aplica esta estrategia es porque su experiencia en la producción de esos bienes y servicios se lo permite, ya que tiene la tecnología adecuada, mientras que, si es una empresa seguidora, solo podrá lograrlo a base de reducir los salarios de sus empleados. Las empresas seguidoras también pueden optar por utilizar la estrategia de diferenciación, que consiste en innovar en los procesos y utilizar otra tecnología. Un ejemplo lo tenemos en la producción de relojes de cuarzo en Japón, que comenzó porque no era factible superar el nivel de la mecánica de precisión de las empresas suizas. La estrategia de diferenciación puede consistir también en producir bienes o servicios diferentes de los competidores, diferencia que justifica un sobrecoste que puede trasladarse a los clientes como sobreprecio; es el caso de los coches de alta gama (Mercedes, Lexus, BMW…).

En las empresas, otra de las características que favorece la innovación es el tamaño. En principio, cualquier empresa puede ser innovadora y hay empresas que son innovadoras desde su creación, cuando su personal está formado por el emprendedor o los emprendedores iniciales, y también se encuentran empresas muy pequeñas que son capaces de realizar innovaciones incrementales sucesivas que les permiten ofrecer productos y servicios adaptados a los cambios sociales. Pero, en general, la probabilidad de que una empresa sea innovadora en su mercado aumenta con su tamaño, dentro de un cierto intervalo, y esto ocurre independientemente del sector económico al que pertenezca. Innovar aumenta los riesgos económicos que deben asumir las empresas, porque se requiere una inversión inicial en personas y medios económicos y su resultado es incierto, hay un cierto riesgo de no poder recuperarlo. El riesgo se puede disminuir gracias a las ayudas por parte de las administraciones públicas para financiar dichas actividades, pero eso tiene un límite marcado por las reglas del libre comercio internacionales; la otra fuente de recursos es la cifra de negocio de la empresa: cuanto mayor es la cifra de negocio, menor es el porcentaje de la misma que se debe destinar a estas actividades.

Sin embargo, se suele decir que las PYME (pequeñas y medianas empresas) son más innovadoras que las grandes empresas porque la actividad de innovación no aumenta proporcionalmente con el tamaño, tienen menos intereses creados y control corporativo y porque muchas innovaciones, en especial las que no inciden en el corazón de las actividades de estas grandes empresas, proporcionan beneficios poco significativos para ellas. Por ejemplo, una empresa que fabrica miles de metros cuadrados de azulejos y baldosas cerámicas con un alto nivel de mecanización no está interesada en fabricar piezas cerámicas especiales (las denominadas "de tercer fuego") que requieren procesos diferentes y poco mecanizados. En estas circunstancias, la empresa puede montar otra empresa pequeña, con mayoría o minoría de capital, para realizar este tipo de fabricación, si aprecia que tiene la suficiente rentabilidad, o dejar la producción en otras manos, en caso contrario.

Otra de las razones para esa afirmación proviene de lo que se entiende por PYME. Si bien técnicamente el concepto tiene una definición precisa[12], su manejo habitual suele ser

12. La Comisión Europea adoptó el 6 de mayo de 2003 una recomendación sobre la definición de PYME, que define los tipos de empresa (autónoma, asociada y vinculada) y fija un método transparente para calcular los límites financieros y de número de empleados. La definición está vigente desde el 1 de

ambiguo y el tamaño medio de las mismas difiere mucho de unos a otros países. Por ejemplo, los americanos suelen llamar "pequeñas empresas" a las que tienen menos de 1.000 empleados, tamaño a partir del cual en España se considera una gran empresa; de hecho, en España solo hay unas 1.000 empresas con ese número de empleados, mientras que las empresas de menos de 10 empleados, más de 3 millones, representan el 95% del total y, de ellas, en más de la mitad no hay ningún empleado; en palabras de un colega, en España, el término PYME no significa pequeña y mediana, sino pequeña y minúscula. Estas pequeñas empresas tienen poco en común con el héroe schumpeteriano de la destrucción creadora y suelen mantener las formas tradicionales de producción, conservando las antiguas tecnologías y mercados; un ejemplo de ello son las empresas artesanales tradicionales que no han evolucionado. Sin embargo, las pequeñas empresas también pueden presentar una gran fuerza innovadora, al evaluar con menor racionalidad los riesgos y ser dirigidas por emprendedores innovadores impulsivos y, en muchos casos, con una buena formación técnica, que no están sometidos a los controles jerárquicos de las grandes empresas.

Las entidades públicas y sin fines lucrativos también innovan, como se pudo ver en capítulos anteriores, y, por su importancia social, la OCDE está impulsando estudios para comprender la innovación en estos sectores e impulsarla. En el caso del sector público, en 2017 publicó un estudio en el que se propone a los Gobiernos cómo pueden crear un entorno que apoye la innovación en lugar de dificultarla, en ámbitos como los procesos de gestión y las reglamentaciones, la gestión de los recursos humanos o el presupuesto, la gestión el riesgo y la gestión de la información, los datos y el conocimiento para apoyar la innovación.

---

enero de 2005. Una empresa se define como mediana cuando tiene menos de 50 millones de euros de cifra de negocios y menos de 250 empleados; una empresa se define como pequeña cuando tiene menos de 10 millones de euros de cifra de negocios y menos de 50 empleados. Finalmente, una microempresa es la que tiene una cifra de negocios anual de menos de 2 millones de euros y menos de 10 empleados.

Y en un contexto social e institucional

Los diversos sectores sociales y económicos presentan diferencias en cuanto a la importancia de la innovación como factor de competitividad. Los sectores en los que la competencia es fuerte, las empresas, para sobrevivir tratan de ofrecer a sus clientes productos mejores, más adaptados, singulares, y tratan de ofrecerlos también en mercados internacionales. Las barreras arancelarias, que *a priori* puede parecer que defienden la producción interna de un país, a la larga son perjudiciales, porque las empresas no sienten la necesidad de innovar al saberse dueñas de sus mercados.

El tipo de contexto que favorece las innovaciones varía de unos sectores a otros. En los sectores basados en la ciencia es importante contar con buenas universidades y otros centros de producción del conocimiento, mientras que, en los sectores que dependen de proveedores, la innovación es favorecida si se cuenta con un entorno de empresas de bienes de equipo, materiales y servicios avanzados altamente capacitadas, porque es cierto que ahora las distancias se salvan con facilidad, pero las interacciones que se pueden producir, por ejemplo, con un proveedor cercano cuando se está diseñando un nuevo proceso químico permiten realizar ajustes y adaptaciones con mayor facilidad que si el equipo se importa de un país lejano. En el ámbito de la cultura, por su parte, se necesitan un entorno que valore y aprecie sus producciones y un sector público que apoye las iniciativas artísticas innovadoras y ofrezca espacios para el desarrollo de proyectos culturales y para el encuentro entre creativos de diferentes ámbitos.

El marco legal, institucional y social en el cual se desarrollan los procesos de innovación afecta de forma sustancial a la buena marcha de un sistema de innovación y, a este respecto, los poderes públicos desempeñan un papel protagonista, aunque hay otras características sociales que influyen en la capacidad innovadora, como, por ejemplo, la mayor o menor valoración del riesgo o la formación general de la población.

Por su parte, el Estado (en el que englobamos a los diversos tipos de administraciones: europea, nacional, regional, local) desempeña un papel múltiple en estos procesos. En primer lugar, puede contribuir a la producción de innovaciones en sus diferentes unidades y también como titular de sus propios centros de I+D —en España, tienen carácter público los grandes organismos de investigación y muchos hospitales— y como accionista principal —si no único— de empresas de alta tecnología que desarrollan sus propias actividades innovadoras y cooperan activamente con otros agentes del sistema. En países como Francia o Alemania hay grandes empresas de carácter estatal que funcionan como auténticos motores de innovación en ámbitos como el automóvil, la producción aeroespacial, los ferrocarriles, etc.

La administración también puede favorecer la innovación cuando actúa como cliente de las numerosas empresas que le proporcionan materiales, bienes o servicios para llevar a cabo su función. Son muchos los estudios que han demostrado la importancia de las compras públicas como motor de innovación, especialmente si se realiza de forma planificada. Actividades que, en todo o en parte, están en manos de las administraciones, como la defensa, la sanidad, la educación, la cultura, el transporte público y otros servicios públicos de diversa índole, incluida la propia actividad administrativa, son demandantes de productos innovadores y, en ocasiones, con alto contenido tecnológico. De hecho, en países como EE UU se ayuda a las PYME a presentarse a los concursos públicos y el carácter innovador de la propuesta es uno de los criterios de selección; cuando en un concurso público el único criterio para seleccionar una oferta es el precio, es muy difícil fomentar la innovación.

Otro papel de la administración pública en el ámbito de la innovación es como reguladora, donde cabe hablar de un triple papel. En primer lugar, como creadora de un marco legal favorable a la innovación, por ejemplo, al establecer leyes como las de patentes, propiedad intelectual, normalización y homologación de productos, ciencia y tecnología, universidades, fiscalidad, etc., pueden favorecer o impedir las actividades de innovación. Cuando en la UE se debatió el Libro Verde de la Innovación, en 1995, uno de los capítulos se llamaba "La innovación obstaculizada" y en él se decía:

El entorno reglamentario y administrativo de las empresas es de una complicación inútil porque crea costes suplementarios importantes, que en Europa se han cifrado entre 180 y 230 mil millones de ecus. Perjudica también la eficacia de las empresas y afecta a su capacidad de innovación... En la mayoría de los países europeos, a diferencia de EE UU, la creación de una empresa y las primeras contrataciones de personal se asemejan a menudo a un campo de batalla. Los plazos suelen superar el mes (excepto en las empresas unipersonales) y los costes ascienden a varios miles de ecus.

Bueno, pues 25 años después, al menos en España, se sigue diciendo lo mismo, de lo cual se desprende que ese obstáculo no se ha eliminado. Ese sería un espacio para la innovación administrativa altamente interesante.

Por ejemplo, al establecer reglamentaciones que directamente llevan implícito un contenido tecnológico (reducción de emisiones contaminantes, seguridad de alimentos, sanidad, seguridad vial, etc.), las administraciones inducen la adopción de innovaciones tecnológicas por parte de las empresas; si este tipo de reglamentaciones se ponen en marcha de forma planificada y anticipada, puede ser de enorme interés para las empresas, porque les permite desarrollar los nuevos productos —o adaptarse a las reglamentaciones— antes que sus competidoras, lo que les da una ventaja competitiva. Este tipo de acciones han generado innovaciones en sectores diversos. Claros ejemplos de esto son el desarrollo de nuevos productos refrigerantes cuando hubo que retirar los compuestos organoclorados porque dañaban la capa de ozono, el desarrollo de las energías renovables para reducir la dependencia del petróleo o los sistemas de tratamiento de residuos tóxicos para reducir el impacto medioambiental de determinadas actividades.

El Estado actúa también como facilitador y catalizador de las actividades de innovación y las relaciones entre los actores del proceso cuando promueve un sistema educativo orientado a ofrecer al mercado de trabajo unos profesionales cualificados a todos los niveles, cuando dota al país de infraestructuras avanzadas de comunicaciones, de centros de información y documentación o de laboratorios de ensayos, por ejemplo.

Otro papel muy vinculado al anterior es el de promotor, que se lleva a cabo cuando el Estado crea un marco institucional y diseña y aplica políticas de innovación; estas han ido evolucionando a lo largo del tiempo, a medida que se han conocido mejor los procesos de innovación y se han identificado las acciones más adecuadas para favorecerlos, tal como ya se indicó al describir la evolución de nuestras visiones sobre la relación entre la ciencia y la innovación.

Finalmente, la administración también puede ser innovadora y, por tanto, un modelo para el conjunto de la sociedad si imprime a sus actividades y servicios habituales enfoques y actitudes innovadoras, como, por ejemplo, cuando ofrece nuevos servicios a los ciudadanos, en respuesta a sus necesidades cambiantes; cuando introduce nuevas formas de ofrecer servicios a los ciudadanos o de interactuar con ellos, por ejemplo, la administración electrónica; cuando establece mecanismos de participación ciudadana para incorporar las opiniones de los administrados en sus políticas; o cuando modifica su estructura organizativa y sus procedimientos de gestión y administrativos para hacerlos más ágiles y eficientes.

CAPÍTULO 8

¿Cómo nos afectan las innovaciones?

Una de las áreas en las cuales la literatura sobre innovación ha sido particularmente prolífica es la relacionada con los efectos macroeconómicos de la innovación, no solo en términos de crecimiento económico o generación de empleo, sino también en términos de desarrollo social. En general, el análisis de estas cuestiones estuvo y está caracterizado por intensos debates que en el mundo académico han cubierto un heterogéneo universo de aspectos. El debate ha trascendido incluso los muros de la academia, generando nuevas estructuras sociales o modificando las existentes, lo cual muchas veces ha conducido a diversos tipos de acciones colectivas, que se han manifestado como nuevos espacios de tensión y enfrentamiento sociales.

En particular, a lo largo del último siglo, el debate académico ha estado caracterizado, desde la perspectiva económica, por dos grandes enfoques que, aunque han sido tratados someramente a lo largo de este libro, resumimos a continuación.

Por un lado, se han destacado las aproximaciones de corte neoclásico, que reconocen a la tecnología como un factor exógeno al desempeño económico, ya que aquella se considera el resultado de la actividad de los centros de investigación en ciencia y tecnología, generalmente financiados por los Gobiernos e integrados en sus administraciones o implantados en las universidades. Este origen confería a la tecnología el carácter de bien público, abierto a todos, lo que permitía el acceso equilibrado a las innovaciones tecnológicas por parte de los distintos agentes económicos (empresas, Gobiernos, consumidores). En consecuencia, se consideraba que la información sobre los avances tecnológicos se distribuía de forma homogénea, sin que surgieran asimetrías en la información percibida por cada uno de dichos agentes.

Por otro lado, ha surgido un segundo enfoque, a menudo denominado "evolucionista", que tiene su origen en los aportes de J. Schumpeter, pero que recoge, asimismo, el interés sobre la evolución y la economía impulsado por quienes, desde esta, buscan en la biología comportamientos, pautas o metáforas que pudieran aprovecharse para explicar los fenómenos económicos. A diferencia de la mirada neoclásica tradicional, aquí la información y el conocimiento tecnológico se conciben como un bien parcialmente privado, ya que sus generadores impulsan un proceso de apropiación destinado a evitar o limitar el uso del nuevo conocimiento por otros actores privados, al objeto de fortalecer su posición en el mercado empleando en exclusiva la innovación que han conseguido. Este proceso explica en gran medida el heterogéneo desarrollo tecnológico de los diversos actores empresariales y, además, el enfoque considera la innovación como un resultado que surge dentro de las empresas, como consecuencia de sus actividades innovadoras.

Pese a las diferencias sustantivas entre ambas visiones, las dos coinciden en reconocer que las innovaciones tienen un impacto positivo sobre el crecimiento económico y, por ende, sobre el "desarrollo" o, como mínimo, sobre algunos de sus principales rasgos, al punto que, todavía hoy, en el modelo capitalista global y competitivo, predomina la idea de que las innovaciones aplicadas a los procesos de producción y a la obtención de nuevos bienes y/o servicios contribuyen al progreso de las naciones. No obstante, esta idea, que subyace en la formulación de las políticas de fomento de la innovación, tanto en la esfera pública como en la privada, ha sido puesta en duda en las últimas décadas a la luz de nuevas concepciones del desarrollo.

En efecto, desarrollo e innovación son conceptos cuya vinculación mutua depende de qué entendamos por ambos. El primero se identifica a menudo con el de crecimiento económico, esto es, con la variación positiva que experimenta, con el transcurso del tiempo, la producción (PIB) de un país o región. En este caso subyace la idea de que ese crecimiento es, en sí mismo, un objetivo deseable. Sin embargo, puede afirmarse que, si bien el desarrollo económico implica la presencia de crecimiento, no todo crecimiento económico supone desarrollo. Ello se debe a que el desarrollo es un tipo de crecimiento económico cualificado, vinculado a una determinada referencia.

Las cualidades exigibles al crecimiento responden a los diversos valores defendidos en cada momento por una mayoría social o por instituciones internacionales cuyos acuerdos vinculan a sus países miembros. Por ello observamos que se habla de distintos crecimientos: sostenible (medioambientalmente), equitativo (entre personas o entre territorios), basado en el conocimiento (enfatiza la presencia de la innovación como motor del crecimiento económico), basado en el comercio justo, etc. En algunos casos se proponen, incluso, alternativas para medir el desarrollo económico teniendo en cuenta valores subjetivos (el bienestar nacional)[13] o indicadores compuestos, que integran diferentes dimensiones sociales y económicas, como el Índice de Desarrollo Humano (IDH)[14], elaborado por Naciones Unidas, que integra la esperanza de vida, la educación y el nivel económico.

La concepción de desarrollo económico utilizada depende de diversas circunstancias, propias de cada momento y lugar: el estado de las teorías económicas y su prestigio relativo, el campo de observación más cercano

13. El pequeño país de Bután ha sido pionero a este respecto.
14. http://hdr.undp.org/es/

(países desarrollados o países en desarrollo), las pautas éticas y culturales predominantes y el grado de implantación del sistema político democrático. De ahí la dificultad de tratar el desarrollo económico como un concepto abstracto, de fácil integración en los modelos económicos estandarizados. De ahí, también, que el análisis del desarrollo económico y las respuestas para su consecución hayan encontrado una atención específica en los países en vías de desarrollo que persiguen explícitamente aproximarse a los países desarrollados o, como mínimo, limitar las peores consecuencias de su pobreza.

Efectos sobre el desarrollo económico

En las relaciones que podemos establecer entre desarrollo económico e innovación se pueden distinguir:

- Las relaciones entre innovación y crecimiento económico. En este terreno se incluyen las innovaciones tecnológicas de proceso y producto, y a ambas podemos añadir las que se producen en la organización de las empresas y en los procesos de gestión de las administraciones públicas (*e-government*).
- Las relaciones que se establecen entre la innovación y las otras condiciones distintas del crecimiento que contribuyen al desarrollo económico.
- Las relaciones que se establecen entre el desarrollo económico y la innovación social. Así ocurre cuando esta se revela necesaria para remover los obstáculos que frenan el desarrollo; pero también cuando es la innovación social la que acelera el acceso al propio desarrollo, mediante el establecimiento de nuevas formas de relación social con consecuencias económicas. La creación de redes —posibilitadas por las TIC— se encuadra en esta categoría. Pensemos en las que enlazan a investigadores, diseñadores y otras comunidades de prácticas profesionales.

Por lo tanto, si la orientación económica tradicional apunta a la identificación entre desarrollo y crecimiento económico (incluidos los factores que inciden sobre este, como las innovaciones tecnológicas), la dimensión social y ética del desarrollo introduce implicaciones normativas que afectan a la formación de preferencias sobre las innovaciones prioritarias y sobre las políticas necesarias para promoverlas[15]. Las innovaciones están incidiendo significativamente en el desarrollo de los territorios y de las sociedades, y cada vez tienen mayor efecto sobre el modo de vida de los ciudadanos. Es, pues, urgente que se replanteen y analicen sus efectos sobre el bienestar de los ciudadanos, para poder orientar adecuadamente los objetivos de las políticas con esta finalidad.

De este modo, si desde el desarrollo —en el sentido amplio que estamos empleando— perseguimos determinados equilibrios medioambientales, el campo de conocimiento relacionado con la biodiversidad, la explotación de recursos naturales y el cambio climático es lógico que se convierta en uno de los objetivos preferentes de la política de innovación, ya que las tecnologías limpias, "verdes", de reutilización, etc., persiguen los anteriores equilibrios. Si aceptamos que el desarrollo económico incluye el acceso a una cesta básica de bienes y servicios, la innovación adquiere un papel destacado, al facilitar las tecnologías que permiten su producción de la forma más eficiente posible, ya se trate de alimentos, suministro de agua y electricidad o la obtención de medicamentos. Si se acepta que el desarrollo incluye la movilidad social, será la innovación social la que entrará en escena; por ejemplo, para limitar los efectos de la discriminación por castas, proporcionar oportunidades de emprendimiento, reducir las desigualdades de género, etc.

En una unidad productiva, la innovación tecnológica se puede dirigir a la mejora de los procesos (innovación de procesos) o a la creación de nuevos productos (innovación de

15. La dimensión ética alcanza también a aspectos como los límites sobre la experimentación genética y celular, la confidencialidad de la información personal, la reproducción asistida y la manipulación psicológica, entre otros.

productos). Estas innovaciones generan siempre una serie de efectos que posteriormente trascienden a la propia unidad productiva, afectando a todo el sistema económico y social. La innovación de procesos provoca, en primer lugar, una reducción de los costes de producción de bienes y servicios, lo que a su vez causa una reducción en el precio final de los productos y, por tanto, un aumento de la demanda. Cuánto aumente la demanda y cuánto se reduzca el precio dependerán de la sensibilidad de la demanda respecto del precio, entre otras variables cuyo comportamiento suponemos que no se modifica. El aumento de productividad se traduce en una mayor competitividad, que estimula a otras empresas y sectores del país a innovar y aumentar su propia productividad, todo lo cual revierte en un incremento global de la productividad y de la competitividad del sistema productivo nacional. El aumento de la competitividad del país es lo que puede permitirle mantener una posición favorable en el contexto internacional y ganar importantes cuotas de mercado. El país se especializa en los sectores en los que tiene una posición más sólida y, si ha conseguido ampliar sus cuotas de mercado, alcanza economías de escala que le permiten seguir aumentando la productividad y la competitividad. Las consecuencias que se producen en la relación real de intercambio[16] también son positivas, como muestra la experiencia empírica. Como contrapunto, la convergencia tecnológica de los países más innovadores relega a un segundo plano a los países que dedican menos esfuerzos al desarrollo tecnológico, generando diferencias que reducen la aproximación de estos últimos a los niveles de renta de los primeros.

La innovación de productos provoca la aparición de nuevos bienes y servicios en el mercado, lo que trae como consecuencia un desplazamiento de la demanda que antes

16. Es un término utilizado en economía y comercio internacional, para medir la evolución relativa de los precios de las exportaciones y de las importaciones de un país, y expresa, en un momento dado, la relación que existe entre los precios medios de importación y de exportación para todos los bienes y servicios que son objeto de cambio, es decir, la relación entre los índices de los precios de exportación e importación.

estaba centrada en otros productos. Ambos tipos de innovaciones en la unidad productiva alcanzan a todos los agentes económicos —empresas, consumidores, administraciones públicas— del país. En general, los residentes se ven afectados porque son receptores de rentas —salarios y beneficios— y, asimismo, agentes de consumo e inversión. De otra parte, las empresas del mismo sector en el que una empresa ha introducido una innovación también se ven afectadas: ahora están obligadas a innovar y a producir más barato (o con más calidad) para mantener sus cuotas de mercado. Por último, los efectos también llegan al resto de las ramas productivas, fundamentalmente por las nuevas demandas de los factores de producción (especialmente el trabajo) que son comunes a todas ellas, piénsese en las innovaciones en la electrónica en la producción de componentes de ordenadores y en la evolución de estos, tanto por lo que se refiere al hardware como al software.

Efectos sobre el empleo y los mercados de trabajo

La relación entre el cambio tecnológico y el empleo ha sido otro aspecto central abordado por la literatura económica. El origen del debate sobre esta cuestión puede situarse en el siglo XVI, con los primeros ensayos de los pensadores mercantilistas, que señalaban los efectos negativos del progreso económico sobre el empleo. No obstante, fueron los economistas clásicos los que aportaron mayor claridad al debate, desarrollando un planteamiento lógico y sistemático sobre el funcionamiento de los denominados "mecanismos de compensación". Estos planteamientos fueron adoptados, en gran parte, por la escuela neoclásica y, posteriormente, debatidos y criticados por los economistas evolucionistas.

En términos generales, la preocupación central en torno a la relación entre innovación y empleo ha estado focalizada sobre la cuestión de la "cantidad", esto es: el cambio tecnológico, ¿destruye o crea nuevos puestos de trabajo? Desde la perspectiva clásica, si bien se reconoce que el progreso técnico puede llevar en el corto plazo a una reducción de los puestos de trabajo, se señala la existencia de una serie de "mecanismos de compensación" que conducen a medio plazo a la recuperación del nivel inicial de empleo. Estos son de diferentes tipos y operan de forma muy distinta sobre la economía, bien sea a través de la disminución de los precios, la creación de nuevas máquinas o la disminución de los salarios.

Con relación al primer mecanismo, la teoría sugiere que la introducción de nuevas tecnologías conduce a una mayor eficiencia de los procesos productivos y, por lo tanto, a una disminución de los precios. Esta, a su vez, propicia la expansión de la demanda y un incremento de la producción que compensa la ocasional pérdida de puestos de trabajo a consecuencia de la innovación.

La compensación mediante el desarrollo de nuevas máquinas se produce gracias a la creación de nuevos puestos de trabajo en las industrias dedicadas a la fabricación de aquellas. De esta forma, el efecto negativo que ejerce la adopción de una nueva maquinaria sobre el empleo, en una industria específica, es compensado con la creación de los puestos de trabajo requeridos para responder a la demanda de los nuevos medios de producción. El problema desde el punto de vista social es que los empleos que se destruyen no requieren la misma cualificación que los que se crean, por lo que la sociedad debe hacer inversiones en formación, para que los que han perdido su empleo sean capaces de encontrar trabajo en el nuevo contexto.

El tercer mecanismo es uno de los más importantes y sugiere que el desempleo derivado del cambio tecnológico conlleva la disminución de los salarios y esto hace posible que las empresas contraten a nuevos trabajadores, regresando así a volúmenes de puestos de trabajo similares a los iniciales.

La descripción detallada de estos mecanismos ha aportado una base conceptual que considera innecesaria la intervención estatal cuando se producen intensos cambios tecnológicos. No obstante, hay que señalar que ya algunos economistas clásicos reconocieron la posibilidad de que el mercado no fuese lo suficientemente eficiente para corregir la pérdida de empleo, debido a la existencia de rigideces e inflexibilidades en algunos de los mecanismos de compensación. En este sentido, se podría argumentar que, para los clásicos, el desempleo tecnológico era fruto, en primer lugar, de la incapacidad del mercado para absorber el incremento de la producción derivado del cambio tecnológico y, en segundo lugar, de una oferta de empleo en las nuevas industrias de bienes equipo insuficiente para absorber la mano de obra desplazada.

No obstante, el enfoque anterior no encuentra apoyo entre los economistas neoclásicos. Para estos, el progreso tecnológico puede crear en un momento dado una situación de desempleo coyuntural pero, en ningún caso, una situación de desempleo estructural, ya que sostienen la existencia de mercados de trabajo y de capitales flexibles y eficientes.

Esta visión no es compartida por los economistas evolucionistas, quienes señalan que la relación entre el cambio tecnológico y la creación de empleo no es siempre positiva y que la efectividad de los mecanismos de compensación depende tanto de la naturaleza de la innovación como del papel desempeñado por diversos factores institucionales y estructurales.

En particular, los economistas evolucionistas indican que el impacto del cambio tecnológico sobre el empleo no puede analizarse adecuadamente si no se tiene en cuenta el carácter complejo de la innovación, diferenciando, por ejemplo, entre las innovaciones de producto y las de proceso. Las de proceso conducen a una mayor eficiencia en la producción, ahorros en los niveles de capital y trabajo y la reducción de los precios. El resultado usual de este tipo de innovaciones es, por lo tanto, una mayor productividad y una pérdida inicial de puestos de trabajo. No obstante, si la reducción de precios es intensa, puede darse un aumento considerable de la cantidad demandada (cuando la elasticidad es alta)[17], que puede tener como resultado neto un mayor empleo.

17. Nos referimos en este caso a la elasticidad de la demanda respecto a la renta: una elasticidad alta significa que el consumo de un determinado bien aumenta más aceleradamente que el nivel de renta del consumidor. Este es el caso de las computadoras personales, los teléfonos móviles, las tabletas, etc.

Las innovaciones de producto, por su parte, actúan en sentido opuesto. Este tipo de innovaciones pueden incrementar la calidad de los bienes o servicios existentes o abrir nuevos mercados, llevando (cuando la elasticidad es alta) a una mayor producción. Las innovaciones de producto, por lo tanto, pueden conducir a la creación de nuevos empleos, a no ser que las mejoras en los productos sean marginales y tengan un limitado impacto económico[18].

La diversidad de situaciones ha propiciado que los economistas evolucionistas hayan realizado diversos estudios sobre la relación entre la innovación y el empleo. Estos estudios han mostrado que el impacto de la innovación sobre el empleo es positivo en los sectores económicos (de manufactura y servicios) caracterizados por un alto crecimiento de la demanda y orientados hacia la innovación de producto (bienes o servicios), mientras que es negativo en las actividades en las que predomina la innovación de proceso. Estos estudios también indican que el efecto global del cambio tecnológico depende del periodo de tiempo considerado y, más importante aún, del territorio analizado, reflejando de este modo la importancia, como elementos de análisis, que alcanzan los factores estructurales e institucionales de cada país[19]. Durante la asimilación del progreso técnico surgen desajustes y efectos de distribución asimétrica entre distintos sectores de la sociedad que pueden resultar dolorosos. Junto a unos sectores que florecen, se produce la desaparición de otros sectores tradicionales, con sus secuelas para el empleo en las zonas de localización, y la aparición de desigualdades en el acceso a los beneficios derivados de las innovaciones. De ello se deriva la necesidad de que los poderes

18. Lo señalado se complica más si se tiene en cuenta que las innovaciones pueden tener una doble naturaleza. Tal es el caso, por ejemplo, de una nueva maquinaria que constituye una innovación de producto para las empresas que la producen y, al mismo tiempo, puede ser una innovación de proceso para las empresas que la adquieren.

19. Estos factores incluyen las instituciones del mercado laboral, las políticas económicas nacionales, las estrategias y organización de las empresas, sus capacidades innovadoras y las dinámicas de la demanda agregada.

públicos introduzcan elementos correctores de las desigualdades que se provocan.

Se podría, pues, decir que, a diferencia de la visión neoclásica, la evidencia derivada de los estudios evolucionistas muestra que el cambio tecnológico puede ser causa de pérdida neta de empleo, sin que exista un mecanismo automático que asegure la compensación de los puestos de trabajo perdidos tras la introducción de una innovación. El impacto final que el cambio tecnológico ejerce sobre el empleo depende del funcionamiento de las instituciones que determinan los salarios, de la flexibilidad del mercado laboral y, en general, de las características del sistema nacional de innovación de cada país.

La relación entre innovación y empleo también ha sido analizada teniendo en cuenta la cuestión de la "calidad", esto es, considerando, por una parte, los efectos que el cambio tecnológico tiene sobre las habilidades requeridas en los trabajadores y, por otra, la polarización de los salarios. Con relación al primer aspecto, la mayor parte de los estudios señalan que, en las últimas décadas, se ha evidenciado una tendencia hacia el incremento de la cualificación de los trabajadores, especialmente en aquellos países que aplican un mayor esfuerzo innovador. A este respecto, han llamado la atención los efectos específicos asociados a las TIC, pero los resultados obtenidos hasta la fecha no ofrecen una conclusión clara y aún existe incertidumbre sobre los efectos atribuibles al auge de las TIC o al cambio ocasional en la oferta de trabajadores más cualificados.

Con relación al segundo aspecto, los estudios indican que, en el mismo periodo, se ha evidenciado una mayor polarización de los salarios, aunque, nuevamente, los efectos concretos que se desprenden de las nuevas tecnologías son difíciles de aislar. Adicionalmente, los patrones que se han identificado ponen de manifiesto una paradoja interesante que, de nuevo, destaca la importancia de los factores estructurales e institucionales. El sesgo hacia una mayor cualificación de la fuerza laboral, producto del cambio tecnológico, ha sido mayor en Europa que en EE UU, pero en este último país se ha producido una mayor polarización en los salarios. Este hecho se ha explicado por la mayor fortaleza de las organizaciones sindicales y, en general, la mayor rigidez del mercado laboral europeo en comparación con el estadounidense. Así, por ejemplo, diversos autores han señalado que una de las principales estrategias adoptadas por las empresas de EE UU para afrontar los retos de la competencia global ha sido la reducción de sus costes laborales unitarios y la flexibilización de sus procesos productivos, resultados logrados por medio de la contratación de empleados a tiempo parcial, con menor entrenamiento y menor salario.

Para concluir, es posible señalar que todas las aproximaciones económicas analizadas (clásica, neoclásica, evolucionista) coinciden en afirmar que el proceso de ajuste del empleo al cambio tecnológico no es instantáneo ni automático. No obstante, estas aproximaciones difieren en la importancia que conceden a los diferentes mecanismos de compensación y a la velocidad con la que se lleva a cabo el proceso de ajuste. En un extremo se encuentran los economistas neoclásicos, quienes defienden el poder que tiene el propio mercado para autorregularse y regresar a posiciones de equilibrio. En el otro extremo se sitúan los economistas evolucionistas que mantienen que el ajuste no solo no es automático, sino que tan solo puede llevarse a cabo mediante cambios sociales y políticos que permitan la adaptación de las instituciones a las características de las nuevas tecnologías.

CAPÍTULO 9

La explosión de la innovación

Como se ha mostrado a lo largo de este texto, se ha evolucionado de una innovación tecnológica basada en conocimientos científicos y realizada en las empresas a diversos tipos de innovaciones que utilizan conocimientos no inclusivamente científicos (conocimientos sintéticos y simbólicos), con participación de nuevos actores (administraciones, entidades públicas, organizaciones sin fin lucrativo, usuarios, etc.) y reorientando sus objetivos a resolver problemas sociales o medioambientales; además, los procesos innovadores han ido también evolucionando y adquiriendo complejidad.

La innovación es hoy, pues, un fenómeno generalizado e invade cualquier discurso convirtiéndose en una palabra talismán para encontrar solución a cualquier problema que se presente. Hoy en día, la innovación es un atributo imprescindible para las personas, las entidades y los Gobiernos; ningún país puede presumir de no ser innovador, aunque su política de innovación sea absolutamente conservadora o absurda. La innovación está influyendo en las decisiones de los Gobiernos, que es justo lo que se trataba de impedir antiguamente, cuando se rechazaba la innovación por subvertir el orden establecido.

La sociedad necesita personas innovadoras, término que se confunde en el lenguaje corriente con el de personas emprendedoras, que establezcan nuevas empresas, que, a su vez, produzcan nuevos productos y servicios y, con ello, generen desarrollo socioeconómico creando riqueza y empleos. Se necesitan también personas innovadoras en las administraciones para mejorar los servicios que estas presten a los ciudadanos y en las entidades públicas y otras organizaciones para contribuir a un aumento del bienestar social y ayudar a solucionar los grandes desafíos que tiene planteados la sociedad. Para que eso suceda, los Gobiernos se ven impelidos a favorecer y promover la innovación en todos los campos y con la participación de todos los actores socioeconómicos. En el mejor de los casos, esto puede llevar a los Gobiernos a favorecer la innovación estableciendo nuevos marcos legislativos que den respuesta a los nuevos problemas y a los cambios sociales; en el peor de los casos, a establecer leyes que son brindis al sol, como la creación del sistema nacional de innovación o la implantación del desarrollo inclusivo.

En el capítulo sobre un recorrido por las innovaciones se ha mostrado una tipología de las innovaciones donde se han expuesto un vasto número de ellas, centradas en las empresas, con la excepción de las innovaciones sociales. A partir de los años noventa del siglo XX empiezan a manifestarse diferentes corrientes que sostienen la necesidad de otros tipos de innovaciones que tienen que ver con un nuevo atributo, su calidad. Se considera que se debe abordar el desarrollo de las sociedades y territorios desde un punto de vista más amplio que el economicista y en el que participen otras disciplinas además de la economía, como la sociología, la geografía o la antropología. Las sociedades se enfrentan a nuevos desafíos que requieren mayores esfuerzos en ciencia e innovación con características diferentes a las del pasado, ya que deben ser orientados socialmente; por ejemplo, deben satisfacer necesidades colectivas detectadas y dar soluciones que sean respetuosas con el medioambiente. Por un lado, se subraya la necesidad de prestar más atención al carácter social de la innovación y se favorece la participación de todos los actores, incluyendo los usuarios, desde estadios iniciales de los procesos de decisión, surgen así las innovaciones con los adjetivos de inclusión, de base, abierta, en todas partes, entre otras. Por otro lado, se hace hincapié en que los resultados de las innovaciones deben tener en cuenta consideraciones éticas y medioambientales, luego deben ser responsables y sostenibles.

Pasemos a comentar estos nuevos tipos de innovaciones. "La innovación con inclusión" se enmarca en el ámbito de la innovación social y se ve favorecida por un contexto de crisis económica y reducción de la financiación pública. Esta innovación busca la integración activa de las personas vulnerables en la sociedad mediante innovaciones que presenten una buena relación coste/eficacia. Se trata de detectar los desafíos a los que se enfrentan las personas vulnerables e incitarlas, al mismo tiempo, a participar en la sociedad. La innovación que se puso en práctica en los barrios deprimidos de Róterdam es un ejemplo: después de realizar una amplia consulta a los habitantes de estos barrios, la municipalidad invirtió en jardines públicos, a fin de crear empleos verdes para las personas con riesgo de exclusión social y, en paralelo, para mejorar el medio ambiente de los barrios.

Otro concepto emergente son las iniciativas innovadoras de base (*grassroots innovations*), algunas de las cuales se han comentado al explicar la innovación social: redes de activistas y organizaciones que promueven, de abajo arriba, soluciones para el desarrollo sostenible, de forma que las soluciones den respuesta a las necesidades locales, teniendo en cuenta los intereses y los valores de las comunidades involucradas. Las iniciativas son impulsadas por activistas comprometidos que promueven el uso de técnicas y tecnologías más ecológicas o sostenibles en ámbitos como la vivienda, las energías renovables, la alimentación o el dinero alternativo.

En los modelos del proceso de innovación se ha comentado el modelo de innovación abierta introducido por Chesbrough y aplicado a las empresas. Con la misma filosofía de colaboración, pero aplicado a la participación de diversas personas fuera del marco de una empresa o de su red de interacciones surge otra acepción del concepto de "innovación abierta" como alternativa solidaria para compartir libremente los conocimientos en el espíritu de datos y fuentes en abierto (*open data* y *open source*) —el software LINUS o la Wikipedia son buenos ejemplos de esta innovación—. Con el mismo enfoque surge la "innovación en todas partes", que significa que ya no se pide iniciativa y creatividad solo a los diseñadores, científicos e ingenieros, sino a todos los miembros de la organización y a todas sus unidades, involucrando continuamente a todos ellos en los procesos de innovación, con lo que la creatividad forma parte de la rutina de trabajo diaria y es un elemento clave para el reparto de incentivos a todos los niveles.

Por su parte, la innovación responsable establece una conexión de la innovación con la responsabilidad social, lo que debería hacer que otros interesados, como los usuarios o los políticos, participasen en el discurso de la innovación, de manera que todos ellos se consideren responsables de la sostenibilidad, carácter ético y conveniencia social del proceso de innovación. Posibilita, asimismo, que otras disciplinas más preocupadas por la ética y la moralidad que por el mercado, como los estudios CTS (ciencia, tecnología y sociedad) en filosofía, se reconozcan como fundamentales para la innovación. La banca ética es un ejemplo de innovación responsable. Las entidades financieras que forman parte de ella no se rigen por el objetivo de obtener el mayor beneficio, deben invertir en organizaciones que produzcan bienes y servicios que tengan un impacto positivo social o medioambiental del tipo de comercio justo, educación, conservación del medioambiente, energías renovables, etc., y tampoco financian las actividades económicas especulativas.

La "innovación sostenible" está asociada al desarrollo sostenible y, en ese sentido, busca lograr los cambios sociales globales necesarios para alcanzarlo. El desarrollo sostenible necesita un enfoque de la innovación que puede caracterizarse como de "tirón de la sociedad" (*society pull*). La sociedad debe decidir los objetivos económicos, ecológicos y sociales que deben alcanzarse a partir de una visión compartida de los diferentes actores sociales. En su significado más frecuente, que es el ambiental, es aquella que pone el acento en la reducción del impacto ecológico en cualquier tipo de innovaciones. Por ejemplo, la aplicación de los conceptos de sostenibilidad en la construcción lleva a innovaciones prácticamente en todos los elementos constructivos (materiales de origen vegetal o reciclados, cisternas que reducen la descarga, nuevos tipos de aislamientos, tejados solares, sistema de aprovechamiento del agua de lluvia, aprovechamiento de la luz solar para calefacción, sistemas de ventilación de apertura mecánica) y en la propia concepción de los edificios, como las *earthships* estadounidenses, que son casas construidas con materiales reciclables en el marco de la llamada "biotectura" —combinación de biología y arquitectura— y dotadas de sistemas integrados de agua y de su propio sistema de generación de energía. Sin embargo, tiene también un sentido empresarial que se aleja de este significado. En esta acepción se trata de una innovación que permite la permanencia de la empresa a largo plazo.

La visión de la innovación desde la filosofía daría lugar, según Echeverría (2017), a una filosofía naturalizada de la innovación que no solo se ocupe de las innovaciones tecnológicas y sociales, sino también de las naturales. Estas son anteriores a los seres humanos y no tienen intencionalidad. Entre estas tenemos las innovaciones cosmológicas (por ejemplo, la aparición de nuevas estrellas o galaxias), geológicas (nacimiento de nuevos volcanes o continentes) y biológicas (extinción o aparición de especies).

También se está realizando un esfuerzo para comprender mejor y para promover la innovación en sectores hasta ahora menos analizados, como el de la cultura, donde la funcionalidad o el precio no son los factores buscados, sino su originalidad y el efecto que ello produce en los usuarios o consumidores. Aquí se incluyen actividades como producción y difusión de arte en todas sus dimensiones, entretenimiento, diseño, arquitectura, publicidad o gastronomía; se pretende identificar y valorar sus innovaciones y los procesos que llevan a ellas, así como la forma en que se puede favorecer la innovación en estos ámbitos, algo relevante para el diseño de las políticas públicas. Incluso, otros autores hablan de un nuevo sector que agrupa a las empresas cuya actividad es "producir experiencias": empresas de radiodifusión, productoras de audiovisuales, organizadores de festivales, gimnasios, clubes de deporte, diseño y arquitectura, museos, etc., donde conviven empresas privadas con organizaciones públicas. En la innovación más propia de estos sectores destaca la importancia de aspectos como la creación de significados, la calidad estética, los símbolos, las imágenes, etc., y el foco se pone en el consumidor —o en la audiencia—, al que se trata de ofrecer "experiencias" nuevas, diferenciadas y acordes con sus características particulares como grupo social; por ello, en estos sectores destaca la importancia del contexto local.

Al estudiar la innovación en el sector cultural, los investigadores británicos Ian Miles y Lawrence Green han introducido el término "innovación oculta", para referirse a las innovaciones que quedan fuera de los conceptos e indicadores establecidos cuando la referencia de partida es la industria; al analizar las cuatro dimensiones importantes de la innovación en las industrias creativas —el producto cultural, el propio concepto cultural, la interfaz con el usuario y la entrega del producto— identificaron 15 "espacios" para la innovación, relacionados con los principales procesos del negocio (la organización de la empresa creadora, la producción y preproducción del producto, las comunicaciones y la experiencia del usuario), donde la innovación puede implicar el desarrollo tecnológico, el cambio organizacional y los nuevos contenidos creativos y/o estéticos. Estos autores han descrito cuatro tipos de innovaciones que, en su opinión, están actualmente excluidas de los sistemas para identificar y medir la innovación: 1) los procedentes de actividades no contempladas en las definiciones, aun cuando son similares (tales como investigación de mercado), 2) las innovaciones en los modelos de negocio, 3) las innovaciones creadas a partir de nuevas combinaciones de procesos y tecnologías existentes (tales como la difusión de contenidos por internet), y 4) las innovaciones a escala local, desarrolladas para resolver problemas específicos de la demanda y que no es registrada ni reconocida oficialmente.

En otro contexto completamente diferente, el de los países en vías de desarrollo, surge la llamada "innovación frugal", donde destaca especialmente la India, por el empeño de su Gobierno en fomentar y favorecer este tipo de innovación. La innovación frugal se distingue de la que conocemos habitualmente tanto por sus medios como por sus fines. De entrada, responde a la falta de recursos financieros, materiales o institucionales, pero han convertido esas limitaciones en oportunidades, aplicando los métodos adecuados. Con la consigna de reducir al máximo el uso de los recursos en el desarrollo, producción y entrega, o utilizando nuevos métodos de producción y distribución, la innovación frugal se traduce en una drástica disminución de los costes de los productos y servicios, superando la calidad de los productos a los que sustituyen. Aunque no siempre, las innovaciones frugales tienen, a menudo, una misión explícitamente social y cubren todos los ámbitos sociales y económicos. Ciertamente muchas de las condiciones que se dan en el país contribuyen a los éxitos de la innovación frugal: la cultura imperante, sobre todo, su capacidad para la improvisación creativa, sus habilidades y una mentalidad acorde con este tipo de enfoques; un gran mercado en el que se está desarrollando una clase media con aspiraciones de progreso; las condiciones extremas y las carencias importantes en la prestación de servicios, que estimulan la demanda de productos y servicios de bajo costo en materia de salud, educación y energía; las nuevas fuentes de financiación social, que reducen el coste de la inversión en este tipo de innovaciones y, sobre todo, una política "inclusiva" de los esfuerzos en ciencia e innovación que promueve lograr "más por menos para más" y trata de crear las condiciones institucionales que impulsen las innovaciones frugales de alto impacto.

El coche Tata Nano es un ejemplo de una innovación frugal. Este pequeño coche de 3,1 meyros es concebido y fabricado en la India por Tata Motors. Su modelo de base carecía de recubrimiento interior, dirección asistida, calefacción, ventilación y radio; su motor era más simple que los de los otros coches y su carrocería de metal combinaba ligereza con seguridad. Su precio se situó en unos 1.500 euros (tasas no incluidas) en 2008. Este pequeño coche de cuatro plazas debía sustituir a los ciclomotores de dos ruedas que llevaban hasta cuatro personas en la India con mayor seguridad y a un precio asequible para las personas que utilizaban los ciclomotores. El Dacia Logan de Renault de 2004 constituye una réplica de coche económico para los países emergentes con un poder de compra inferior a los países desarrollados, aunque después este coche se ha vendido internacionalmente añadiéndole complementos. El diseño de este coche ha estado sujeto a fuertes restricciones económicas y ha reutilizado piezas de los otros modelos de la marca Renault. Su precio de salida estaba previsto en 5.000 euros (impuestos incluidos) pero su precio en Rumanía (país donde se fabricaba) en 2006 era de 6.300 euros.

Pero, además, tal como se comentó con anterioridad, están surgiendo "formas innovadoras de innovar" mediante la utilización de las TIC que, además de ser fuente de innovación para un amplio rango de empresas y entidades, se utilizan en los denominados laboratorios vivientes (*living labs*), que constituyen una forma nueva de llevar a cabo proyectos de innovación, especialmente útil para pequeñas y medianas empresas, mediante la cual se involucra a los usuarios potenciales en todas las fases de este proceso, con lo que se convierten en cocreadores de la innovación; el interés de estos entornos ha hecho que la UE los apoye y coordine a través de una red europea que está vinculada a iniciativas de otros países; se encuentran ejemplos en muchos sectores (salud y bienestar, cultura y creatividad, energía, movilidad, inclusión social, educación, etc.).

Las TIC están cambiando la forma de llevar a cabo muchas de nuestras actividades, desde nuestra manera de trabajar a la de divertirnos, pero esta manera de ver estas tecnologías es restrictiva, las estamos considerando como herramientas operativas, como ha puesto en evidencia el gran desarrollo del teletrabajo por la confinación durante la pandemia de la

COVID-19. Ahora bien, podemos considerarlas, además, como herramientas que modifican nuestra forma de relacionarnos, que nos permiten interaccionar de manera más directa, rápida, sin barreras espaciales y a menores costes. Hoy hay campañas de recogidas de firmas en favor o en contra de ciertas posiciones ideológicas que recogen en pocos días un millón de firmas en todo el mundo. Incluso hay campañas políticas que se pueden perder o ganar por una acción en internet. Podemos utilizar, pues, estas tecnologías para innovar la gestión de las políticas públicas, la denominada e-administración, pero podemos utilizarlas para facilitar vías alternativas de participación ciudadana. Esta última consideración de las TIC nos abre las puertas a innovaciones sociales de gran calado (por ejemplo, la emergencia de un nuevo entorno social en el que las personas se relacionen a distancia) que, con toda seguridad, producirán, en un futuro no muy lejano, mayores cambios en la sociedad que la aparición de la imprenta en la Edad Media, que dio lugar al Renacimiento. Por todo ello, sus efectos deben ser analizados en profundidad para que sus aplicaciones puedan ser reconducidas en beneficio del bienestar de los ciudadanos.

Bibliografía

ALBORS, J.; RAMOS, J. C. y HERVAS, J. L. (2008): "New learning network paradigms: Communities of objectives, crowdsourcing, wikis and open source", *International Journal of Information Management*, vol. 28, nº 3, pp. 194-202.

AROCENA, R. y SUTZ, J. (2001): "La universidad latinoamericana del futuro. Tendencias-Escenarios-Alternativas", Colección UDUAL 11, Universidad de la República Oriental del Uruguay.

ASHEIM, B.; COENEN, L. y MOODYSSON, J. (2007): "Constructing knowledge-based regional advantage: implications for regional innovation policy", *The International Journal of Entrepreneurship and Innovation Management*, vol. 7, nº 2/3/4/5, pp. 140-155.

BINZ, C. y TRUFFER, B. (2017): "Global Innovation Systems - A conceptual framework for innovation dynamics in transnational contexts", *Research Policy*, 46 (7), pp. 1284-1298.

BOUCHARD, C. (1999): *Recherche en sciences humaines et sociales et innovations sociales. Contribution à une politique de l'immatériel*, Conseil québécois de la recherche sociale (CQRS), Quebec.

BUSH, V. (1945): "Science, the Endless Frontier. A Report to the President" [traducción "Ciencia, la frontera sin fin", *Revista de estudios sociales de la ciencia-REDES*, 14, 1999, pp. 89-136].

CASTRO, E. y FERNÁNDEZ DE LUCIO, I. (2006): "La I+D empresarial y sus relaciones con la investigación pública española", en J. Sebastián y E. Muñoz (eds.), *Radiografía de la investigación pública en España*, Editorial Biblioteca Nueva, Madrid.

CHESBROUGH, H. (2003): *Open innovation: the new imperative for creating and profiting from technology*, Harvard Business School Press, Boston.

COHEN, W. y LEVINTHAL, D. A. (1989): "Innovation and Learning: the two faces of R&D", *Economic Journal*, vol. 99, pp. 569-596.

COMISIÓN EUROPEA (1995): Libro Verde de la Innovación, Bruselas, 20 de diciembre, COM(95) 688 final.

— (2000): "Comunicación de la Comisión al Consejo y al Parlamento Europeo: La innovación en una economía del conocimiento", COM (2000) 567 final, Comisión Europea, Bruselas.

COOKE, P.; GÓMEZ URANGA, M. y ETXEBARRÍA, G. (1997): "Regional innovation systems: Institutional and organizational dimensions", *Research Policy*, vol. 26, pp. 475-491.

CRIADO PÉREZ, C. (2020): *La mujer invisible*, Editorial Planeta, Barcelona.

D'ESTE, P. y PATEL, P. (2007): "University-industry linkages in the UK: What are the factors underlying the variety of interactions with industry?", *Research Policy*, vol. 36, nº 9, pp. 1295-1313.

DUTRÉNIT, G. y SUTZ, J. (eds.) (2014): *National innovation systems, social inclusion and development: The Latin American experience*, Edward Elgar, Cheltenham.

ECHEVERRÍA, J. (2017): *El arte de innovar. Naturalezas, lenguajes, sociedades*, Plaza y Valdés, Madrid.

EDQUIST, C. (1997): "Systems of Innovation approaches-their emergence and characteristics", en C. Edquist (ed.), *Systems of Innovation: Technologies, Institutions and Organizations*, Pinter/Cassell, Londres.

EDQUIST, C. y ZABALA ITURRIAGAGOITIA, J. M. (2012): "Public Procurement for Innovation as mission-oriented innovation policy", *Research Policy*, 41 (10), pp. 1757-1769.

ESCORSA, P. y VALLS, J. (2003): *Tecnología e innovación en la empresa*, Universitat Politècnica de Catalunya, Barcelona.

ETZKOWITZ, H. (1990): "The Second Academic Revolution: The Role of the Research University in Economic Development", en S. Cozzens *et al.* (eds.), *The Research System in Transition*, Kluwer Academic Publishers, Boston.

FAGERBERG, J. y B. VERSPAGEN (2009): "Innovation studies. The emerging structure of a new scientific field", *Research Policy*, 38, pp. 218-233.

FAGERBERG, J.; MARTIN, B. R. y ANDERSEN, E. S. (2013): *Innovation studies: Evolution and future challenges*, Oxford University Press, Oxford.

FERNÁNDEZ DE LUCIO, I.; MÁS VERDÚ, F. y TORTOSA MARTORELL, E. (2011): "Regional innovation policies: the persistence of the linear model in Spain", *The Service Industries Journal*, 30, pp. 749-762.

FREEMAN, C. (1974): *The economics of industrial innovation, Penguin, Harmondswoth* [*La teoría económica de la innovación industrial*, 1975, Alianza, Madrid].

— (1987): *Technology policy and economic performance: lessons from Japan*, Pinter Publishers, Londres.

— (2002): "Continental, national and sub-national innovation systems-complementarity and economic growth", *Research Policy*, vol. 31, pp. 191-211.

GAGLIO, G.; GODIN, B. y PFOTENHAUER, S. (2019): "X-Innovation: Re-Inventing Innovation Again and Again", *Novation. Critical Studies on Innovation*, 1, pp. 1-17.

GEELS, F. y SCHOT, J. (2007): "Typology of Sociotechnical Transition Pathways", *Research Policy*, 36 (3), pp. 399-417

GIBBONS, M.; LIMOGES, C.; NOWOTNY, H.; SCHWARTZMAN, S.; SCOTT, P. y TROW, M. (1994): *The New Production of Knowledge: The Dynamics of Science and Research in Contemporary Societies*, Sage, Londres.

Godin, B. (2002): *The rise of innovation surveys: measuring a fuzzy concept*, Project on the History and Sociology of S&T Statistics, working paper nº 16, en http://www.csiic.ca./PDF/Godin_16 (consultado el 16 de septiembre de 2020).

— (2006): "The linear model of innovation", *Science Technology Human Values*, vol. 31, nº 6, pp. 639-667.

Griliches, Z. (1957): "Hybrid Corn: an Exploration in the Economics of Technological Change", *Econometrica*, vol. 25, nº 4, pp. 501-522.

Hippel, E. (2005): *Democratizing Innovation*, The MIT Press, Cambridge.

Innerarity, D. (2009): "La sociedad de la Innovación. Notas para una teoría de la innovación social", *Cómo es una sociedad innovadora*, Innobasque, Zamudio, en http://www.innobasque.com/home.aspx?tabid=762 (consultado el 16 de septiembre de 2020).

Jensen, M. B.; Johnson, B.; Lorenz, E. y Lundvall, B. A. (2007): "Forms of knowledge and modes of innovation", *Research Policy*, vol. 36, pp. 680-693.

Kleysen, R. F. y Street, C. T. (2001): "Toward a multi-dimensional measure of individual innovative behavior", *Journal of Intellectual Capital*, vol. 2, nº 3, pp. 284-296.

Kline, S. J. y Rosenberg, N. (1986): "An Overview of Innovation", en R. Landau y N. Rosenberg (eds.), *The Positive Sum Strategy: Harnessing Technology for Economic Growth*, National Academy Press, Washington DC, pp. 275-305.

Kuhlmann, S. (2018): "Introduction to discussion paper on 'Three Frames for Innovation Policy: R&D, Systems of Innovation and Transformative Change'", *Research Policy*, 47 (9), pp. 1553-1553.

Landry, R.; Becheikh, N.; Amara, N.; Halimen, N.; Jbilou, J.; Mosconi, N. y Hammami, H. (2006): *Innovation dans les services publics et parapublics à vocation sociale. Rapport de la revue systématique des écrits*, Chaire FCRSS/IRSC sur le transfert de connaissances et l'innovation, Université Laval, Quebec.

Larédo, P. y Mustar, P. (2004): "Public sector research: a growing role in innovation systems", *Minerva*, vol. 42, pp. 11-27.

Leach, M.; Rockström, J.; Raskin, P.; Scoones, I.; Stirling, A.; Smith, A.; Thompson, J.; Millstone, E.; Ely, A.; Arond, E. y Folke, C. P. (2012): "Transforming Innovation for Sustainability", *Ecology and Society,* 17 (2), en www.jstor.org/stable/26269052 (consultado el 13 de septiembre de 2020).

Lundvall, B. A. (1988): "Innovation as an Interactive Process: from User-Producer Interaction to National Systems of Innovation", en G. Dosi *et al.* (eds.), *Technical Change and Economic Theory*, Pinter Publishers, Londres y Nueva York.

— (ed.) (1992): *National Systems of Innovation. Towards a Theory of Innovation and Interactive Learning*, Pinter Publishers, Londres.

Malerba, F. (2002): "Sectoral systems of innovation and production", *Research Policy*, vol. 31, pp. 247-264.

Merton, R. (1977): *La sociología de la ciencia*, Alianza Universidad, Madrid.

Metcalfe, J. S. (1995): "Technology systems and technology policy in an evolutionary framework", *Cambridge Journal of Economics*, nº 19, pp. 25-46.

Miles, I. y Green, L. (2008): *Hidden innovation in the creative industries*, NESTA Research report, NESTA, Londres, en https://www.nesta.org.

uk/report/hidden-innovation-in-the-creative-industries/ (acceso el 18 de septiembre de 2020).
Molero Zayas, J. (coord.) (2000): *Competencia global y cambio tecnológico: un desafío para la economía española*, Ediciones Pirámide, Madrid.
Nelson, R. R. (1993): *National Innovation System: A Comparative Study*, Oxford University Press, Oxford.
Nelson, R. R. y Winter, S. G. (1982): *An Evolutionary Theory of Economic Change*, Harvard University Press, Cambridge, Massachusetts.
Niosi, J. (2010): *Building national and regional innovation systems*, Edward Elgar Publishing Ltd., Cheltenham.
Nowotny, H.; Scott, P. y Gibbons, M. (2001): *Re-Thinking Science. Knowledge and the Public in an Age of Uncertainty*, Polity Press, Cambridge.
OCDE (1992): *Technology and the Economy. The Key Relationships*, OCDE, París.
— (1997): *National Innovation Systems*, OCDE, París.
— (2015): *Frascati Manual 2015. Guidelines for Collecting and Reporting Data on Research and Experimental Development, The Measurement of Scientific, Technological and Innovation Activities*, en https://www.oecd.org/publications/frascati-manual-2015-9789264239012-en.htm (consultado el 16 de septiembre de 2020).
— (2017): *Fostering Innovation in the Public Sector*, OECD Publishing, París, en http://dx.doi.org/10.1787/9789264270879-en (consultado el 16 de septiembre de 2020).
OCDE/Eurostat (2018): *Oslo Manual 2018: Guidelines for Collecting, Reporting and Using Data on Innovation*, 4ª ed., The Measurement of Scientific, Technological and Innovation Activities, OECD Publishing/Eurostat, París/Luxemburgo.
Pavitt, K. (1984): "Sectoral Patterns of Technical Change: Towards a Taxonomy and Theory", *Research Policy*, vol. 13, pp. 343-73.
Pavón, J. y Goodman, R. (1981): *Proyecto MODELTEC. La planificación del desarrollo tecnológico*, Madrid, CDTI-CSIC.
Porter, M. (1999): "La ventaja competitiva de las naciones", *Ser competitivo: nuevas aportaciones y conclusiones*, Ediciones Deusto, Bilbao.
Rogers, E. M. (2010): *Diffusion of Innovations*, The Free Press, Nueva York.
Rosenberg, N. (1982): *Inside the Black Box: Technology and Economics*, Nueva York, Cambridge University Press [traducción *Dentro de la caja negra: tecnología y economía*, El Hogar del Libro, Barcelona, 1993].
Sabato, J. y Botana, N. (1968): "La Ciencia y la Tecnología en el desarrollo futuro de América Latina", *Revista de Integración*, nº 3, noviembre, Buenos Aires [texto reproducido en *Arbor*, CX, 575, noviembre de 1993, pp. 21-43].
Sánchez-Muñoz, M. P.; García-Ayuso Covarsí, M. y Cañibano Calvo, L. (1999): "La relevancia de los intangibles para la valoración y la gestión de empresas: revisión de la literatura", *Revista española de financiación y contabilidad*, nº 100, pp. 17-88.
Schumpeter, J. (1934): *The Theory of Economic Development*, Harvard University Press, Cambridge [traducción, Fondo de Cultura Económica, México, 1957].
— (1942): *Capitalism, Socialism and Democracy*, Harper, Nueva York.
Schot, J.; Boni, S.; Ramírez, M. y Alvial-Palavicino, C. (2019): "Transformative innovation policy & social innovation", en J. Howaldt *et al.*

(eds.), *Atlas of Social Innovation*, 2nd Volume: *A World of New Practices*, Oekon, Múnich, pp. 20-25.
STOKES, D. E. (1997): *Pasteur's Quadrant: Basic Science and Technological Innovation*, Brookings Press, Washington DC.
SUNDBO, J. (2009): "Innovation in the experience economy: a taxonomy of innovation organisations", *The Service Industries Journal*, vol. 29, nº 4, pp. 431-455.
TORÁN, A. y ROY, P. C. (coord.) (1999): *Inventos del milenio*, Ediciones El País, Madrid.
VEGA-JURADO, J., GUTIÉRREZ-GRACIA, A.; FERNÁNDEZ-DE-LUCIO, I. y MANJARRÉS-HENRÍQUEZ, L. (2008): "The effect of external and internal factors on firms' product innovation", *Research Policy*, vol. 37, pp. 616-632.
VENCE DEZA, X. (2006): *Economía de la innovación y del cambio tecnológico: una revisión crítica*, Siglo XXI de España Editores, Madrid.
ZACHER, H. y ROSING, K. (2015): "Ambidextrous leadership and team innovation", *Leadership & Organization Development Journal*, 36 (1), pp. 54-68.
ZIMAN, J. (2000): *Real Sciencie: What it is and What it Means*, Cambridge University Press, Cambridge, UK.

Sitios web de interés

COMISIÓN EUROPEA, INVESTIGACIÓN E INNOVACIÓN. Es la página de la Comisión Europea en la que se ofrece abundante información sobre las iniciativas de la Comisión, estrategias, estadísticas y documentos relacionados con la investigación y la innovación. Entre otras cosas, desde ella se accede al Cuadro de Indicadores de Innovación Europea, que permite comparar el desempeño innovador de los diferentes países europeos, y al Observatorio de la Innovación Empresarial, que proporciona pruebas sobre las últimas tendencias innovadoras en el comercio y la industria (https://ec.europa.eu/info/research-and-innovation_en).

FUNDACIÓN COTEC. Esta fundación originalmente auspiciada por empresarios españoles, en la que actualmente participan otros socios, tiene entre sus objetivos la difusión de la cultura de la innovación y mejores prácticas entre los empresarios, para lo cual edita y publica una serie de colecciones (estudios, documentos, etc.) sobre los diversos aspectos de la innovación (http://www.cotec.es).

INNOBASQUE. Es la Agencia Vasca de la Innovación, cuyo objetivo es coordinar e impulsar la innovación en Euskadi en todos sus ámbitos. Publica documentos, monografías, casos, etc. (http://www.innobasque.com).

NESTA. Organización británica que apoya el desarrollo de nuevas ideas que mejoran la vida y publica interesantes informes sobre innovación (http://www.nesta.org.uk).

OCDE. Esta página está dedicada a la innovación, donde se pueden encontrar documentos de diversa naturaleza (políticas, estrategias, manuales, etc.) y el acceso a las estadísticas relacionadas con la innovación (http://www.oecd.org/innovation/).